CARACTÈRES MINÉRALOGIQUES.

SYSTÈME DE CARACTÈRES

RELATIFS

AUX MINÉRAUX.

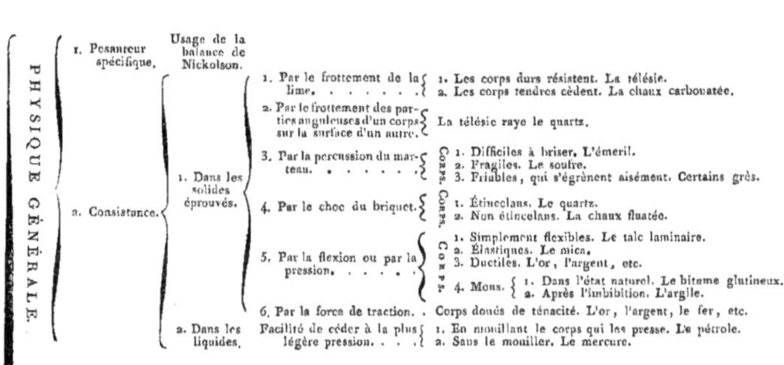

- PHYSIQUE GÉNÉRALE.
  - 1. Pesanteur spécifique. — Usage de la balance de Nickolson.
  - 2. Consistance.
    - 1. Dans les solides éprouvés.
      - 1. Par le frottement de la lime.
        - 1. Les corps durs résistent. La télésie.
        - 2. Les corps tendres cèdent. La chaux carbonatée.
      - 2. Par le frottement des parties anguleuses d'un corps sur la surface d'un autre. — La télésie raye le quartz.
      - 3. Par la percussion du marteau. — Corps.
        - 1. Difficiles à briser. L'émeril.
        - 2. Fragiles. Le soufre.
        - 3. Friables, qui s'égrènent aisément. Certains grès.
      - 4. Par le choc du briquet. — Corps.
        - 1. Étincelans. Le quartz.
        - 2. Non étincelans. La chaux fluatée.
      - 5. Par la flexion ou par la pression. — Corps.
        - 1. Simplement flexibles. Le talc laminaire.
        - 2. Élastiques. Le mica.
        - 3. Ductiles. L'or, l'argent, etc.
        - 4. Mous.
          - 1. Dans l'état naturel. Le bitume glutineux.
          - 2. Après l'imbibition. L'argile.
      - 6. Par la force de traction. — Corps doués de ténacité. L'or, l'argent, le fer, etc.
    - 2. Dans les liquides. — Facilité de céder à la plus légère pression.
      - 1. En mouillant le corps qui les presse. Le pétrole.
      - 2. Sans le mouiller. Le mercure.

TRAITÉ DE MINÉRALOGIE,

PAR LE C^EN. HAÜY,

Membre de l'Institut National des Sciences et Arts, et Conservateur des Collections Minéralogiques de l'École des Mines.

PUBLIÉ PAR LE CONSEIL DES MINES.

CARACTÈRES MINÉRALOGIQUES.

DISTRIBUTION MÉTHODIQUE DES MINÉRAUX.

FIGURES GÉOMÉTRIQUES.

A PARIS,

CHEZ LOUIS, LIBRAIRE, RUE DE SAVOYE, N°. 11.

DE L'IMPRIMERIE DE DELANCE.

AN IX (1801).

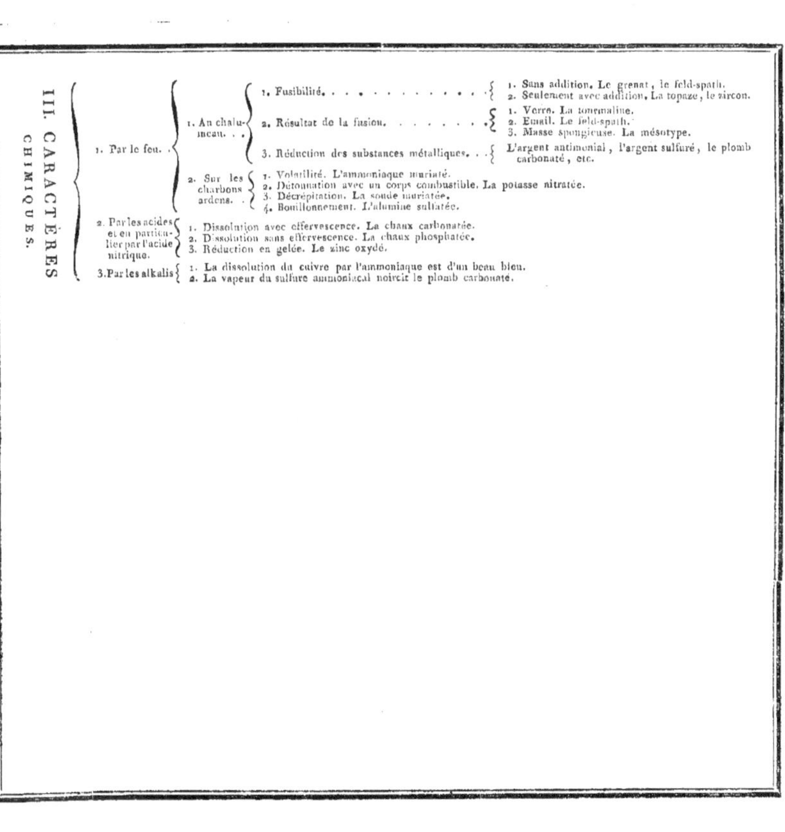

III. CARACTÈRES CHIMIQUES.

- 1. Par le feu.
  - 1. Au chalumeau.
    - 1. Fusibilité.
      - 1. Sans addition. Le grenat, le feld-spath.
      - 2. Seulement avec addition. La topaze, le zircon.
    - 2. Résultat de la fusion.
      - 1. Verre. La tourmaline.
      - 2. Email. Le feld-spath.
      - 3. Masse spongieuse. La mésotype.
    - 3. Réduction des substances métalliques.
      - L'argent antimonial, l'argent sulfuré, le plomb carbonaté, etc.
  - 2. Sur les charbons ardens.
    - 1. Volatilité. L'ammoniaque muriaté.
    - 2. Détonnation avec un corps combustible. La potasse nitratée.
    - 3. Décrépitation. La soude muriatée.
    - 4. Bouillonnement. L'alumine sulfatée.
- 2. Par les acides et en particulier par l'acide nitrique.
  - 1. Dissolution avec effervescence. La chaux carbonatée.
  - 2. Dissolution sans effervescence. La chaux phosphatée.
  - 3. Réduction en gelée. Le zinc oxydé.
- 3. Par les alkalis.
  - 1. La dissolution du cuivre par l'ammoniaque est d'un beau bleu.
  - 2. La vapeur du sulfure ammoniacal noircit le plomb carbonaté.

I. CARACTÈRES PHYSIQUES.

PHYSIQUE PARTICULIÈRE.

- 3. Impression sur la langue.
  - 1. Saveur.
    - 1. Salée. La soude muriatée.
    - 2. Astringente. Le fer sulfaté.
    - 3. Douceâtre. L'alumine sulfatée.
    - 4. Fraiche. La potasse nitratée.
    - 5. Amère. La magnésie sulfatée.
    - 6. Urineuse et piquante. L'ammoniaque muriaté.
  - 2. Happement. Quelques argiles, le quartz-résinite hydrophane.
- 4. Impression sur le tact.
  - Surface ou poussière.
  - 1. Onctueuse au toucher. Le talc.
  - 2. Douce (sans onctuosité). L'asbeste flexible.
  - 3. Aride. Le feld-spath argiliforme (kaolin).
- 5. Odeur.
  - 1. Par la vapeur de l'haleine. Quelques argiles.
  - 2. Par le frottement. La chaux carbonatée fétide (pierre de porc).
  - 3. Par le feu. Odeur
    - 1. D'ail. L'arsenic.
    - 2. Bitumineuse. La houille.
    - 3. Sulfureuse. Le soufre.
- 6. Son.
  - 1. Par la percussion. L'ardoise, les métaux.
  - 2. Par la flexion. Cri de l'étain.
- 7. Lumière.
  - 1. Par réflection.
    - 1. Couleurs de la masse.
      - 1. Leurs espèces. Rouge, jaune, vert, bleu, etc.
      - 2. Leur distribution.
        - 1. Uniforme. L'émeraude verte, le quartz-agathe cornaline, etc.
        - 2. Variée.
          - 1. Par taches. Les marbres secondaires.
          - 2. Par bandes. Le quartz-agathe onyx.
      - 3. Leur jeu.
        - 1. Par chatoyement. Le feld spath nacré.
        - 2. Par reflets irisés. Le quartz-agathe opalin.
    - 2. Couleur de la rapure.
      - 1. Similaire ou la même que celle de la masse. L'argent antimonié sulfuré.
      - 2. Dissimilaire. Le mica donne une poussière blanchâtre.
    - 3. Couleur de la tachure.
      - 1. Similaire. Le fer carburé.
      - 2. Dissimilaire. Le molybdène sulfuré tache la porcelaine en vert.
    - 4. Éclat de la surface. Surface.
      - 1. Brillante. Le quartz-hyalin.
      - 2. Terne. Le quartz-jaspe.
      - 3. Onctueuse à l'œil. Le jade poli.
      - 4. Soyeuse. La chaux sulfatée fibreuse.
      - 5. Nacrée. La stilbite.
      - 6. Ayant le brillant métallique. L'or natif.
      - 7. N'en ayant que l'apparence. Le mica argentin.
  - 2. Par réfraction.
    - 1. Transparence.
      - 1. Corps limpides; transparens et sans couleur. La télésie, dite *saphir blanc*.
      - 2. Corps transparens avec couleur. Le spinelle.
      - 3. Corps translucides, qui laissent passer trop peu de lumière pour permettre de rien distinguer à travers leur masse. Le quartz, dit *agathe orientale*.
      - 4. Corps opaques. L'or, l'argent, etc., à l'état natif.
    - 2. Routes de la lumière. Réfraction.
      - 1. Simple. La télésie.
      - 2. Double. La chaux carbonatée.
  - 3. Par phosphorescence.
    - 1. A l'aide du feu. La chaux phosphatée.
    - 2. A l'aide du frottement. Le quartz gras, la grammatite.
- 8. Électricité.
  - 1. Passive.
    - 1. Par communication. Les métaux à l'état métallique.
    - 2. Par frottement.
      - 1. Vitrée. La plupart des substances terreuses.
      - 2. Résineuse. Le soufre, le succin.
    - 3. Par chaleur. Vitrée d'un côté et resineuse de l'autre. La tourmaline, la mésotype.
  - 2. Active, ou communiquée à la cire d'Espagne, à l'aide du frottement.
    - 1. Vitrée. Le molybdène sulfuré.
    - 2. Résineuse. La plupart des minéraux.
    - 3. Nulle. Le fer carburé.
- 9. Magnétisme.
  - 1. Simple. Attraction sur chaque pôle du barreau aimanté. La cornéenne.
  - 2. Polaire. Attraction sur un pôle et répulsion sur l'autre. Presque tous les cristaux de fer.

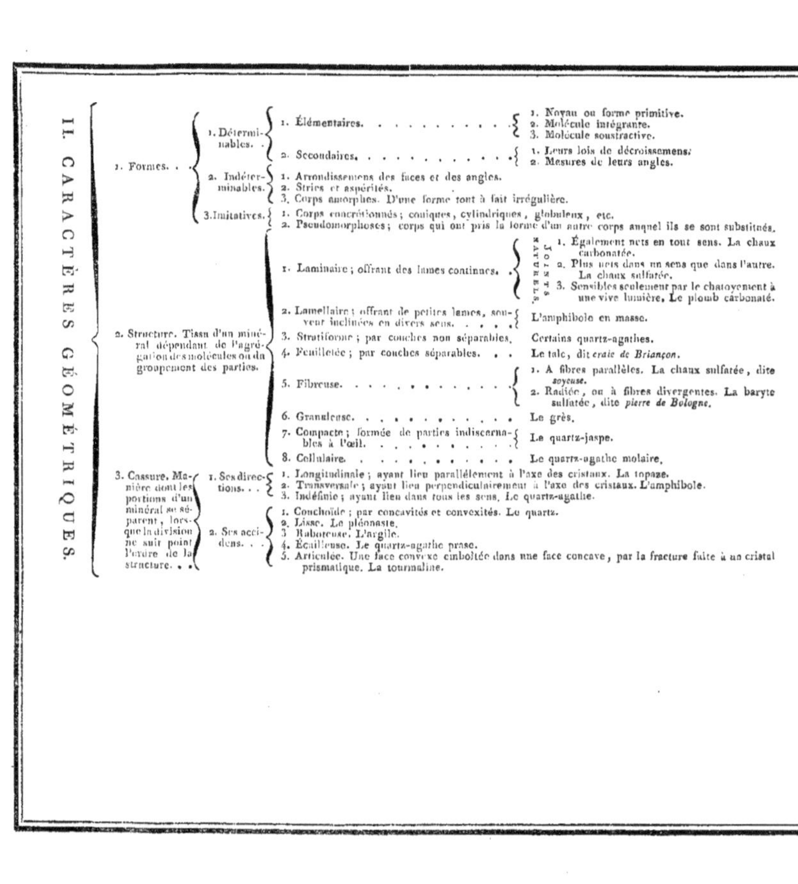

II. CARACTÈRES GÉOMÉTRIQUES.

- 1. Formes.
  - 1. Déterminables.
    - 1. Élémentaires.
      - 1. Noyau ou forme primitive.
      - 2. Molécule intégrante.
      - 3. Molécule soustractive.
    - 2. Secondaires.
      - 1. Leurs lois de décroissemens.
      - 2. Mesures de leurs angles.
  - 2. Indéterminables.
    - 1. Arrondissemens des faces et des angles.
    - 2. Stries et aspérités.
    - 3. Corps amorphes. D'une forme tout à fait irrégulière.
  - 3. Imitatives.
    - 1. Corps concrétionnés ; coniques, cylindriques, globuleux, etc.
    - 2. Pseudomorphoses ; corps qui ont pris la forme d'un autre corps auquel ils se sont substitués.
- 2. Structure. Tissu d'un minéral dépendant de l'agrégation des molécules ou du groupement des parties.
  - 1. Laminaire ; offrant des lames continues. Joints naturels.
    - 1. Également nets en tout sens. La chaux carbonatée.
    - 2. Plus nets dans un sens que dans l'autre. La chaux sulfatée.
    - 3. Sensibles seulement par le chatoyement à une vive lumière. Le plomb carbonaté.
  - 2. Lamellaire ; offrant de petites lames, souvent inclinées en divers sens. — L'amphibole en masse.
  - 3. Stratiforme ; par couches non séparables. — Certains quartz-agathes.
  - 4. Feuilletée ; par couches séparables. — Le talc, dit *craie de Briançon*.
  - 5. Fibreuse.
    - 1. A fibres parallèles. La chaux sulfatée, dite *soyeuse*.
    - 2. Radiée, ou à fibres divergentes. La baryte sulfatée, dite *pierre de Bologne*.
  - 6. Granuleuse. — Le grès.
  - 7. Compacte ; formée de parties indiscernables à l'œil. — Le quartz-jaspe.
  - 8. Cellulaire. — Le quartz-agathe molaire.
- 3. Cassure. Manière dont les portions d'un minéral se séparent, lorsque la division ne suit point l'ordre de la structure.
  - 1. Ses directions.
    - 1. Longitudinale ; ayant lieu parallélement à l'axe des cristaux. La topaze.
    - 2. Transversale ; ayant lieu perpendiculairement à l'axe des cristaux. L'amphibole.
    - 3. Indéfinie ; ayant lieu dans tous les sens. Le quartz-agathe.
  - 2. Ses accidens.
    - 1. Conchoïde ; par concavités et convexités. Le quartz.
    - 2. Lisse. Le pléonaste.
    - 3. Raboteuse. L'argile.
    - 4. Écailleuse. Le quartz-agathe prase.
    - 5. Articulée. Une face convexe emboîtée dans une face concave, par la fracture faite à un cristal prismatique. La tourmaline.

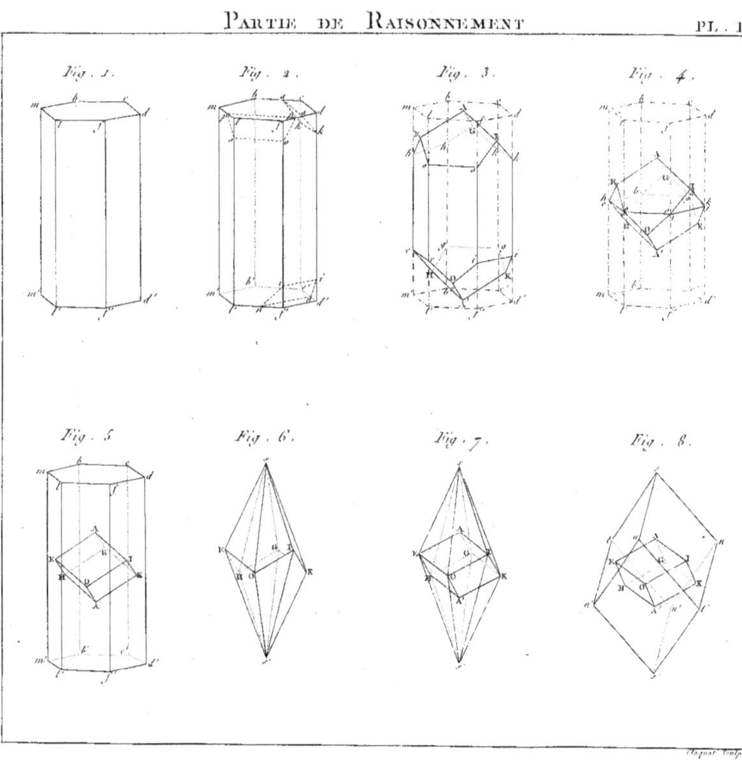
Partie de Raisonnement
Pl. I.
Fig. 1.
Fig. 2.
Fig. 3.
Fig. 4.
Fig. 5
Fig. 6.
Fig. 7.
Fig. 8.

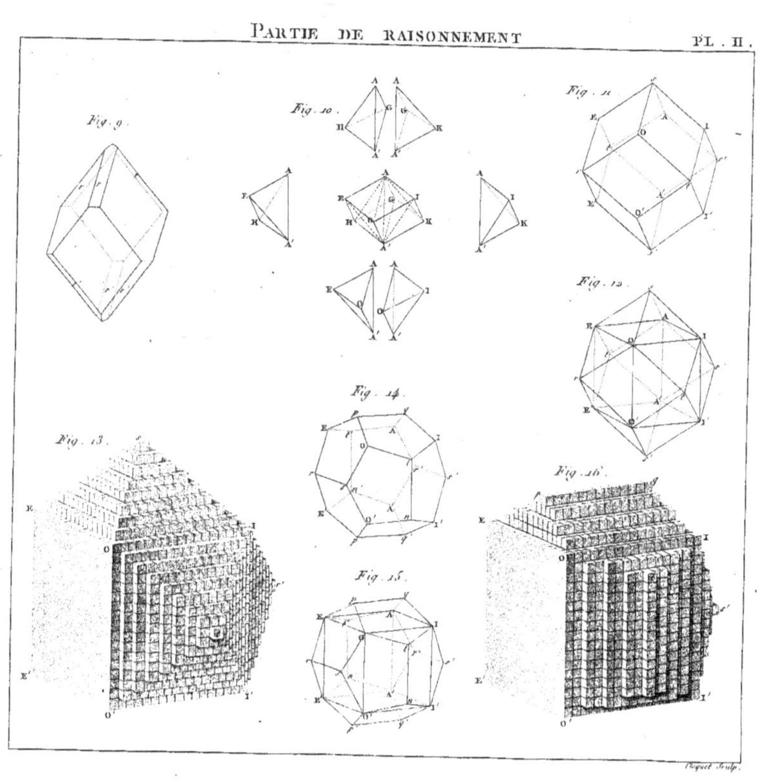
Fig. 9.
Fig. 10.
Fig. 11.
Fig. 12.
Fig. 13.
Fig. 14.
Fig. 15.
Fig. 16.
Cloquet Sculp.

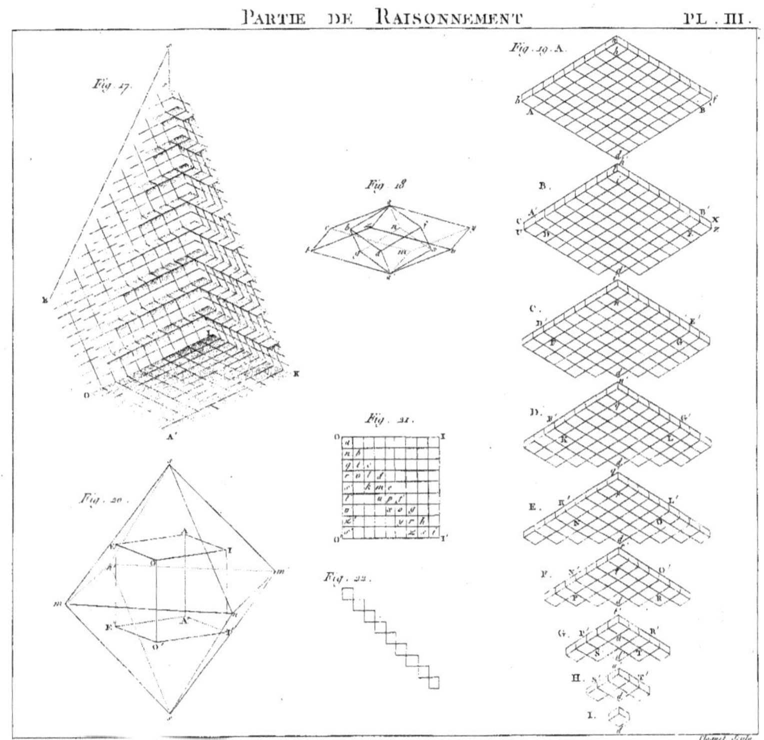

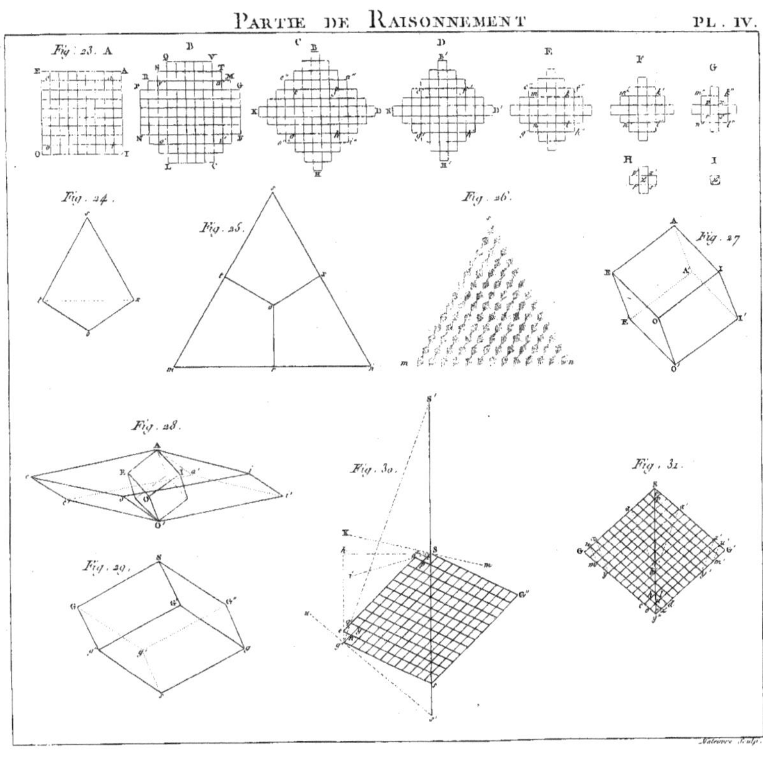

Malœuvre Sculp.

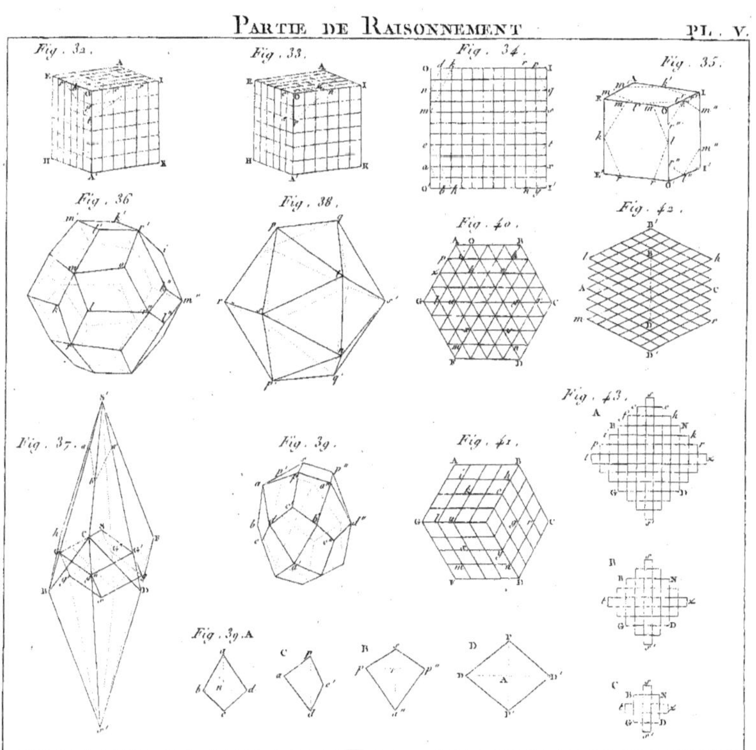
Fig. 32.
Fig. 33.
Fig. 34.
Fig. 35.
Fig. 36
Fig. 38.
Fig. 40.
Fig. 42.
Fig. 43.
Fig. 37.
Fig. 39.
Fig. 41.
Fig. 39. A

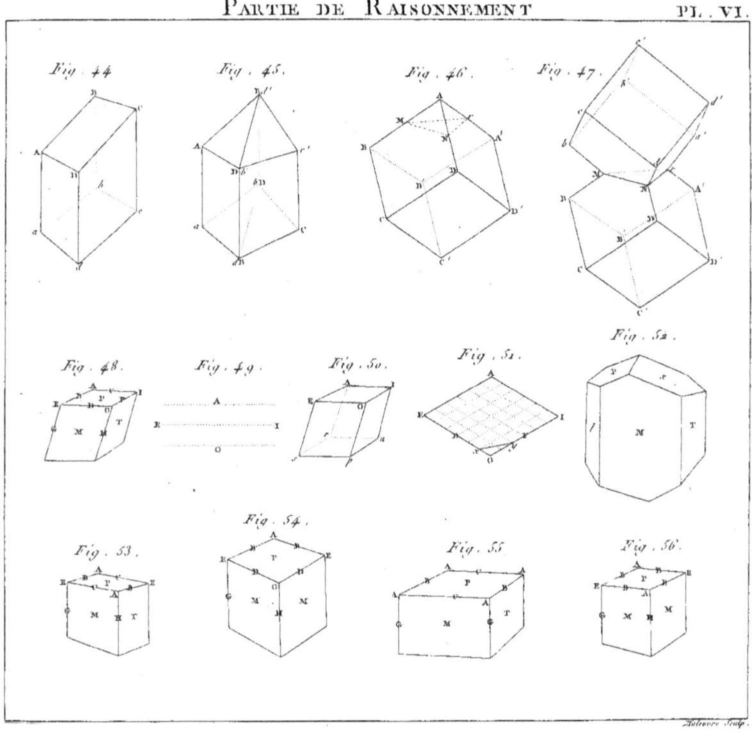
Fig. 44.
Fig. 45.
Fig. 46.
Fig. 47.
Fig. 48.
Fig. 49.
Fig. 50.
Fig. 51.
Fig. 52.
Fig. 53.
Fig. 54.
Fig. 55.
Fig. 56.

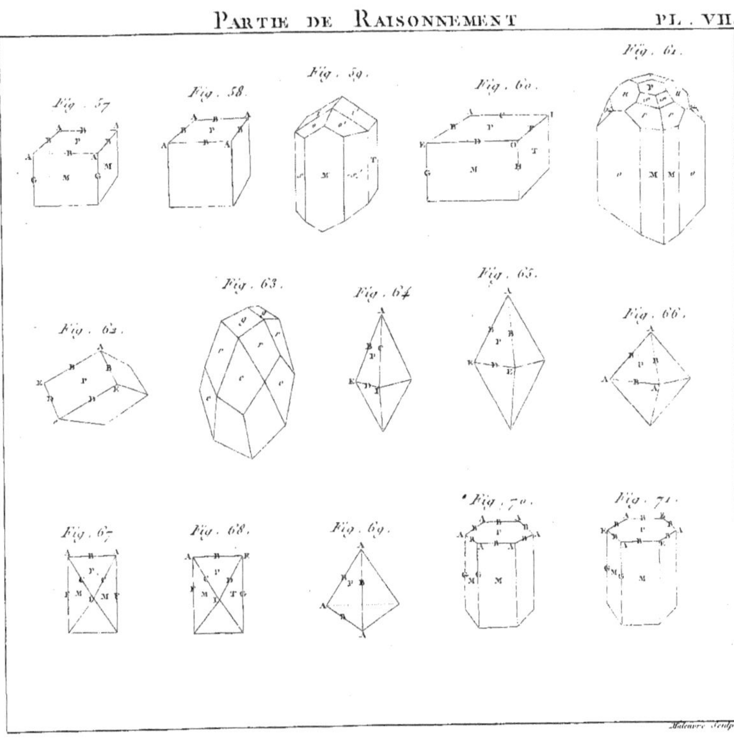

Malœuvre Sculp.

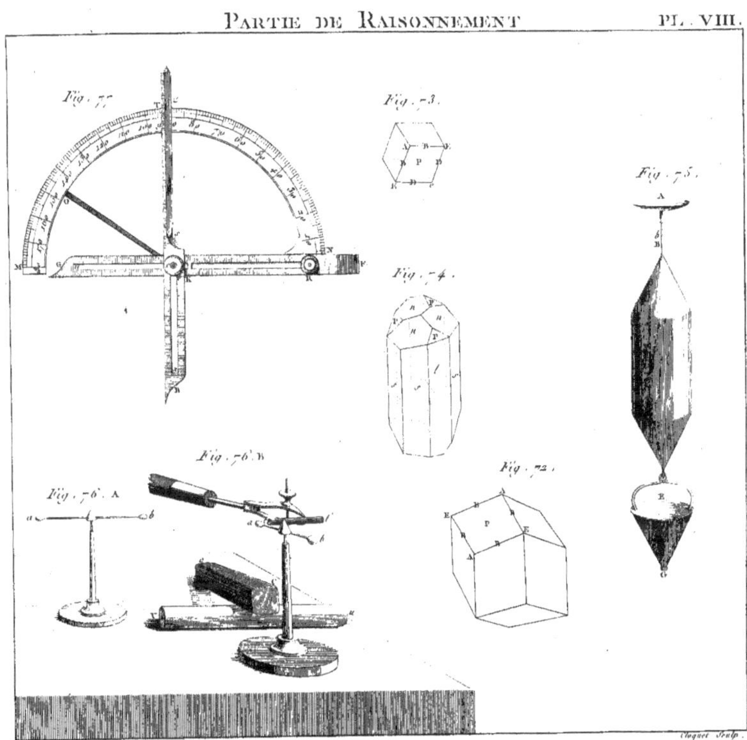

Cloquet Sculp.

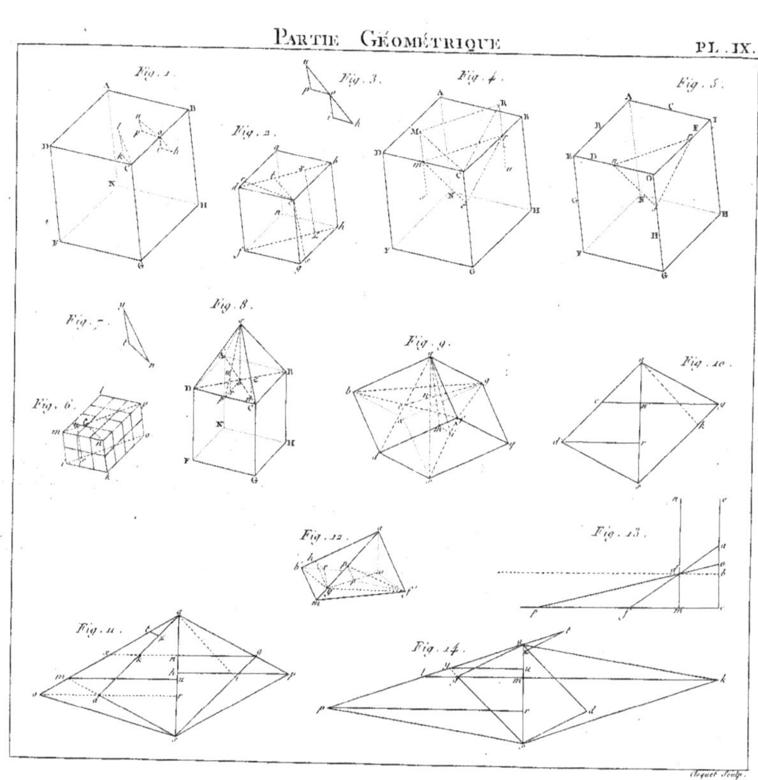
Fig. 1.
Fig. 2.
Fig. 3.
Fig. 4.
Fig. 5.
Fig. 6.
Fig. 7.
Fig. 8.
Fig. 9.
Fig. 10.
Fig. 11.
Fig. 12.
Fig. 13.
Fig. 14.

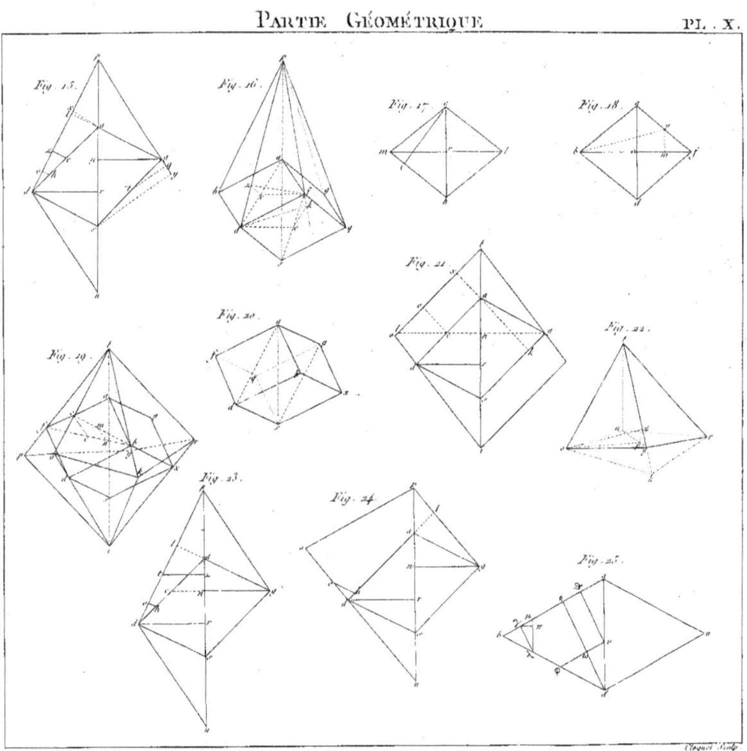
Fig. 15.
Fig. 16.
Fig. 17.
Fig. 18.
Fig. 19.
Fig. 20.
Fig. 21.
Fig. 22.
Fig. 23.
Fig. 24.
Fig. 25.
Cloquet Sculp.

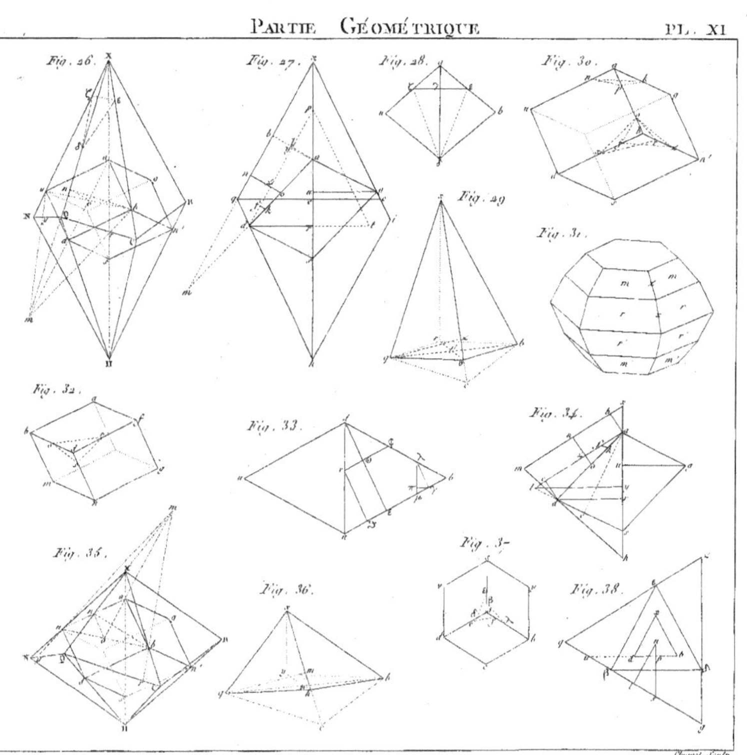
Fig. 26.
Fig. 27.
Fig. 28.
Fig. 30.
Fig. 29
Fig. 31.
Fig. 32.
Fig. 33.
Fig. 34.
Fig. 35.
Fig. 36.
Fig. 37
Fig. 38.
Choquet Sculp.

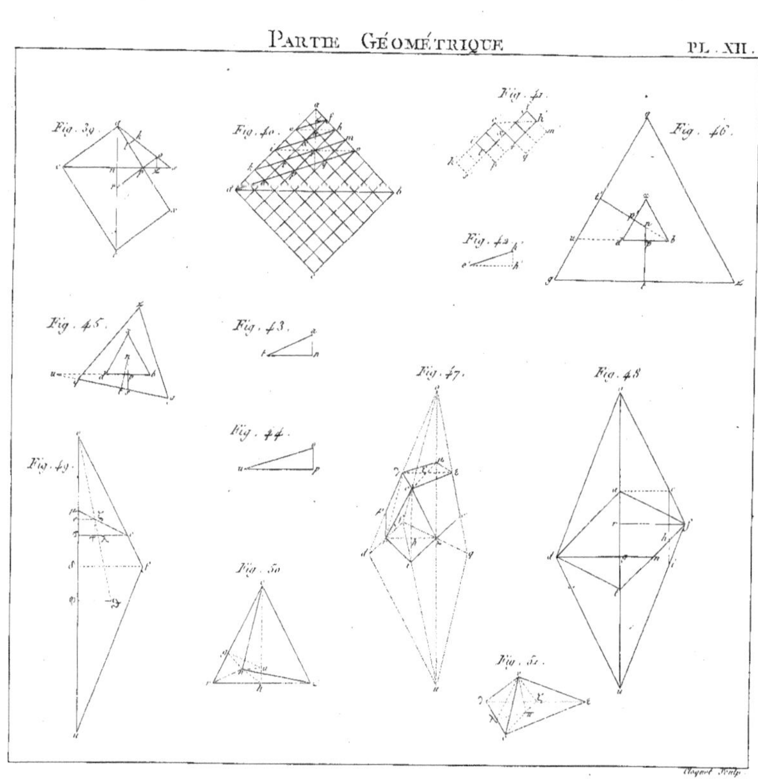
Fig. 39.
Fig. 40.
Fig. 41.
Fig. 46.
Fig. 42.
Fig. 45.
Fig. 43.
Fig. 47.
Fig. 48.
Fig. 49.
Fig. 44.
Fig. 50.
Fig. 51.
Cloquet Sculp.

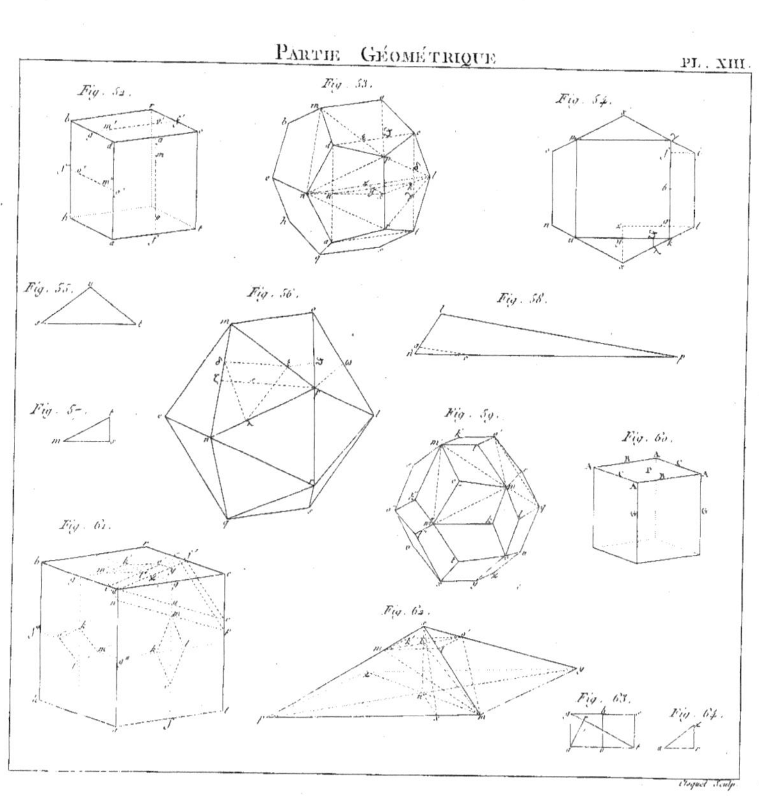

Coquet Sculp.

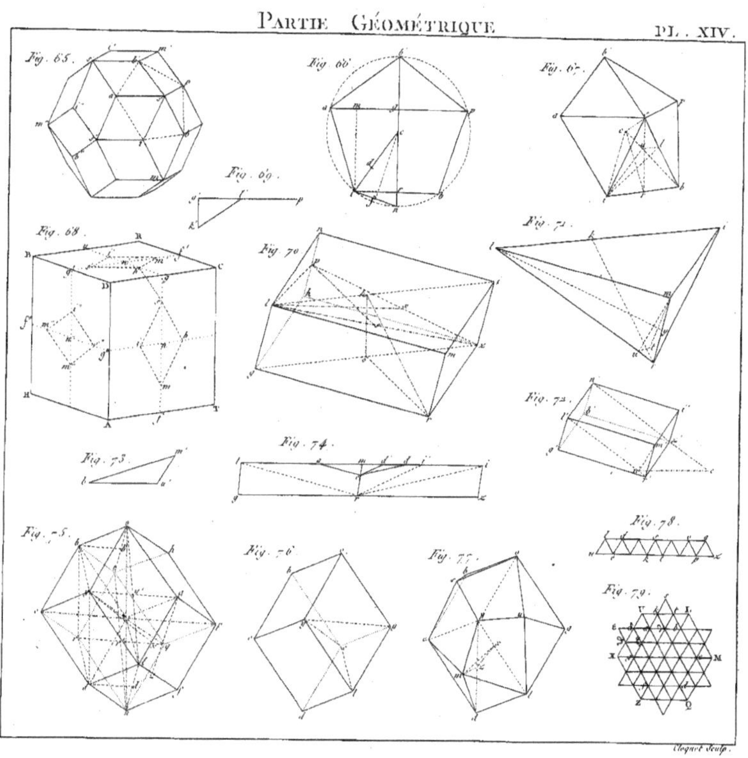
PARTIE GÉOMÉTRIQUE
PL. XIV.
Fig. 65.
Fig. 66.
Fig. 67.
Fig. 68.
Fig. 69.
Fig. 70.
Fig. 71.
Fig. 72.
Fig. 73.
Fig. 74.
Fig. 75.
Fig. 76.
Fig. 77.
Fig. 78.
Fig. 79.
Cloquet Sculp.

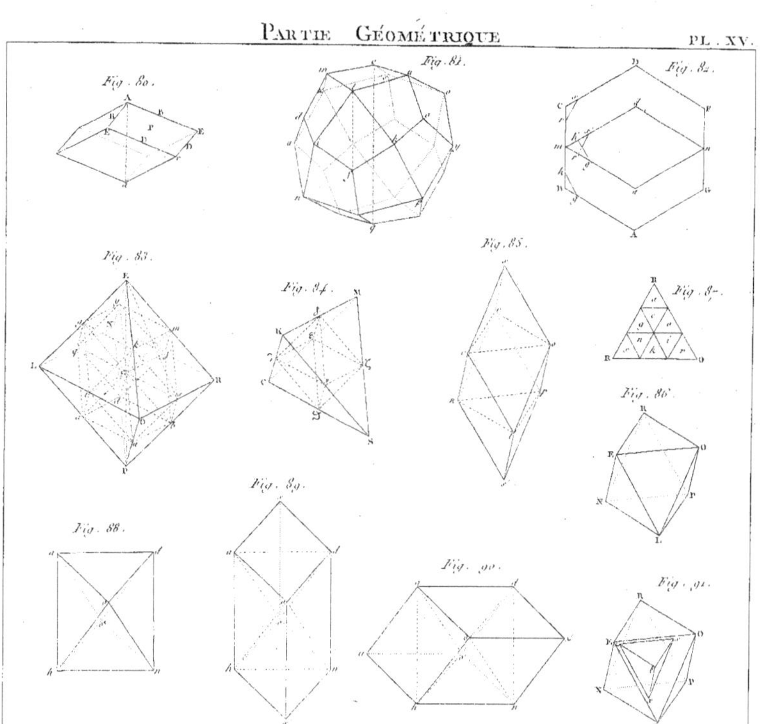
PARTIE GÉOMÉTRIQUE
PL. XV.
Fig. 80.
Fig. 81.
Fig. 82.
Fig. 83.
Fig. 84.
Fig. 85.
Fig. 87.
Fig. 86.
Fig. 88.
Fig. 89.
Fig. 90.
Fig. 91.

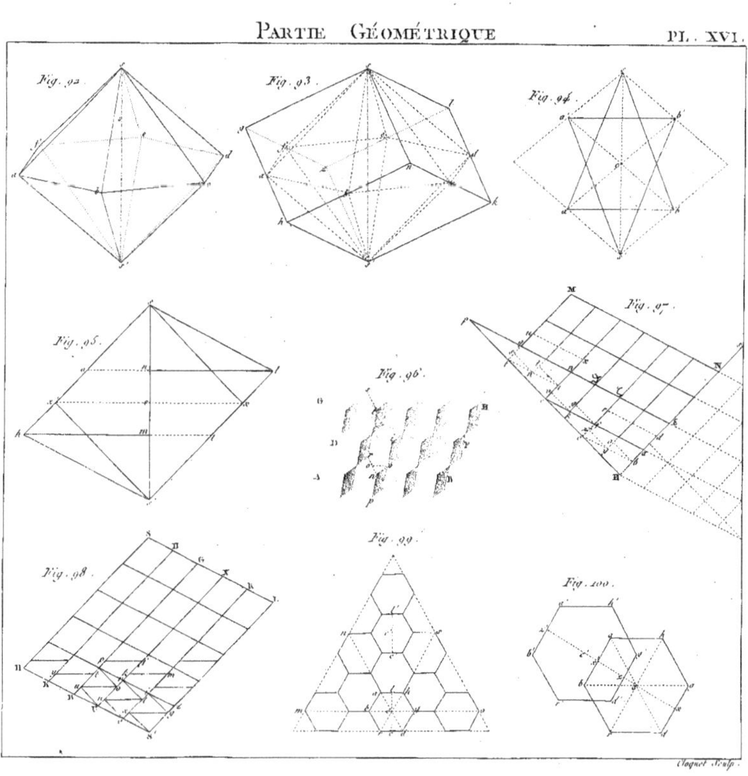
Fig. 92.
Fig. 93.
Fig. 94.
Fig. 95.
Fig. 96.
Fig. 97.
Fig. 98.
Fig. 99.
Fig. 100.
Cloquet Sculp.

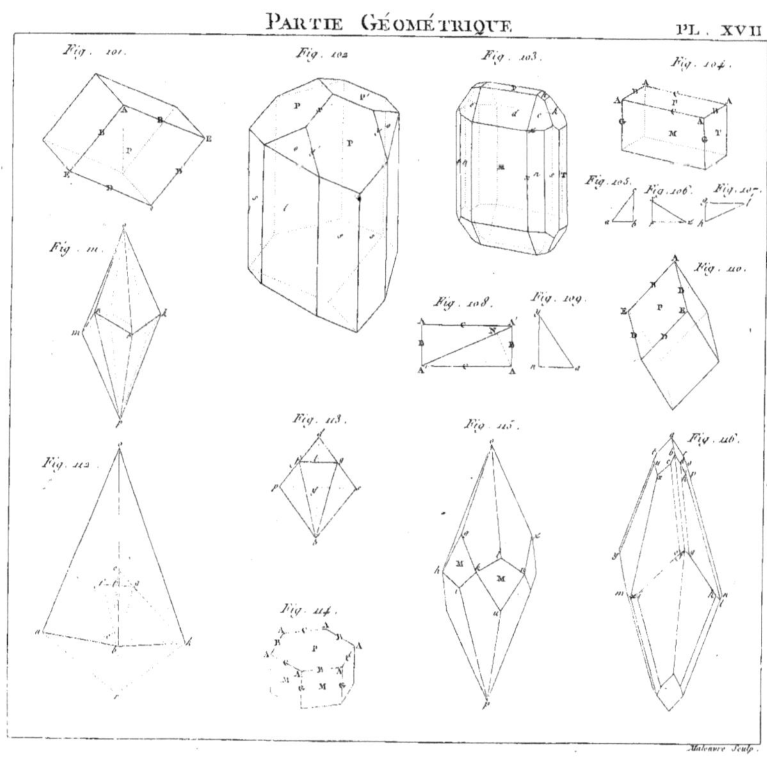

Malœuvre Sculp.

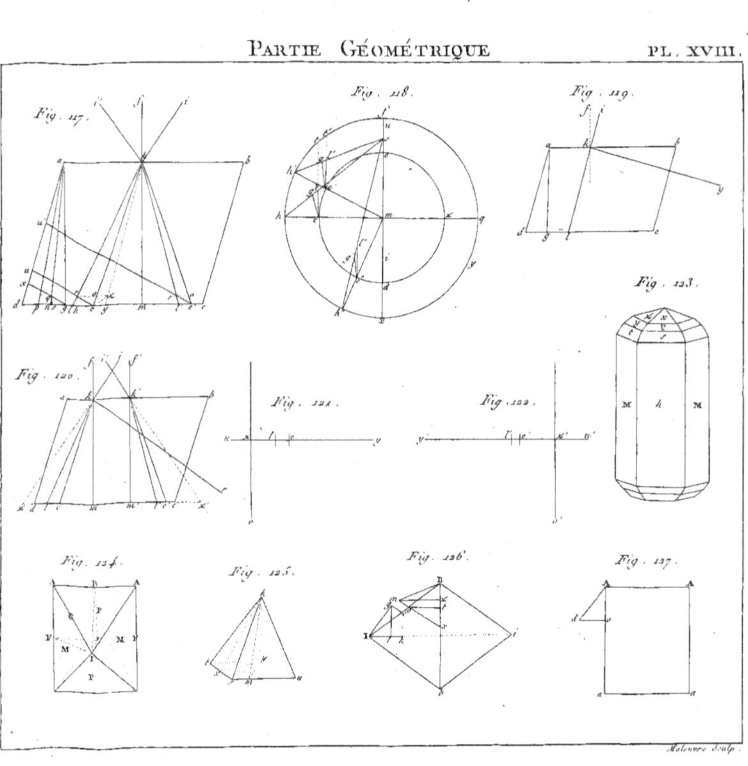
Fig. 117.
Fig. 118.
Fig. 119.
Fig. 120.
Fig. 121.
Fig. 122.
Fig. 123.
Fig. 124.
Fig. 125.
Fig. 126.
Fig. 127.
Malœuvre Sculp.

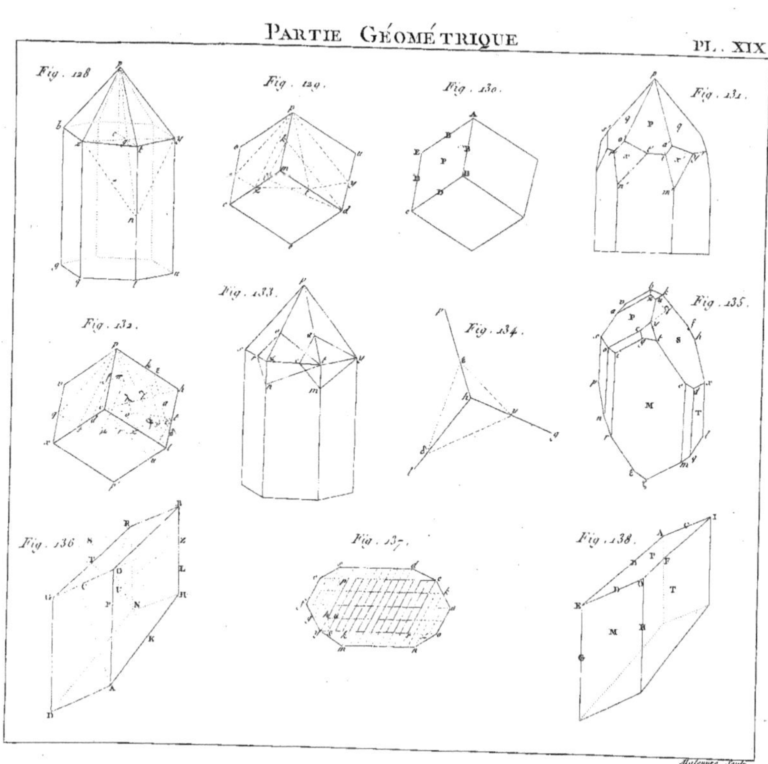
Fig. 128
Fig. 129.
Fig. 130.
Fig. 131.
Fig. 132.
Fig. 133.
Fig. 134.
Fig. 135.
Fig. 136
Fig. 137.
Fig. 138.
Malœuvre Sculp.

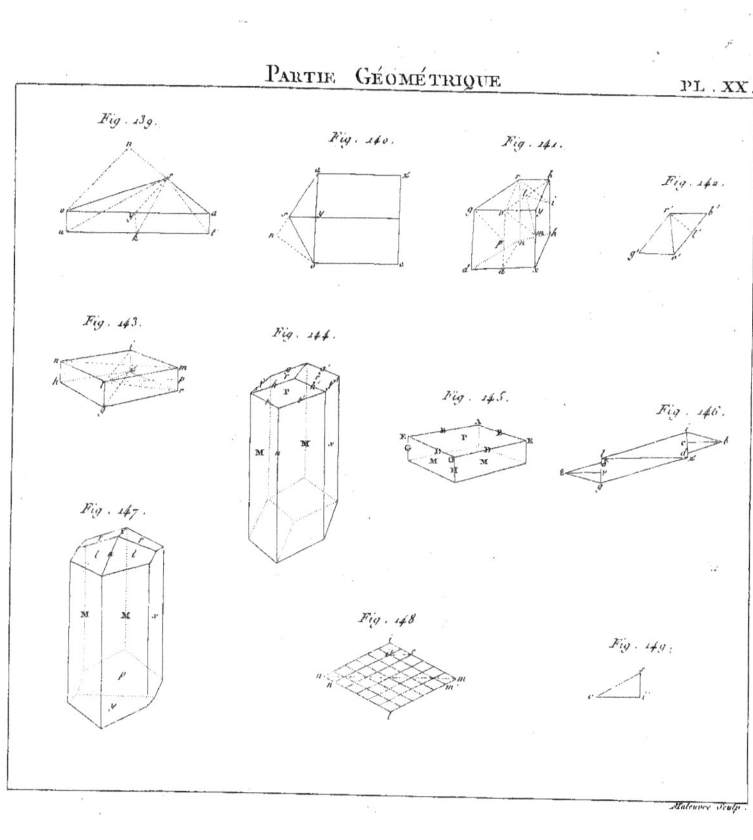

Maleuvre Sculp.

Fig. 150.

Fig. 151.

Fig. 152.

Fig. 153.

Fig. 154.

Fig. 155.

Fig. 156.

Fig. 157.

Fig. 158.

Fig. 159.

Fig. 160.

Fig. 161.

Fig. 162.

Malœuvre Sculp.

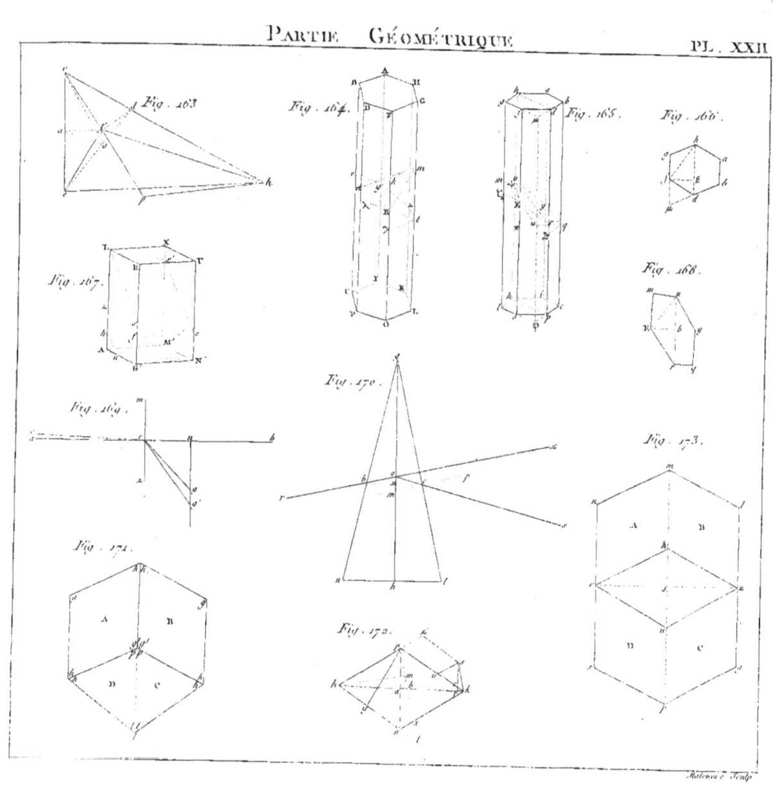

Malœuvre Sculp.

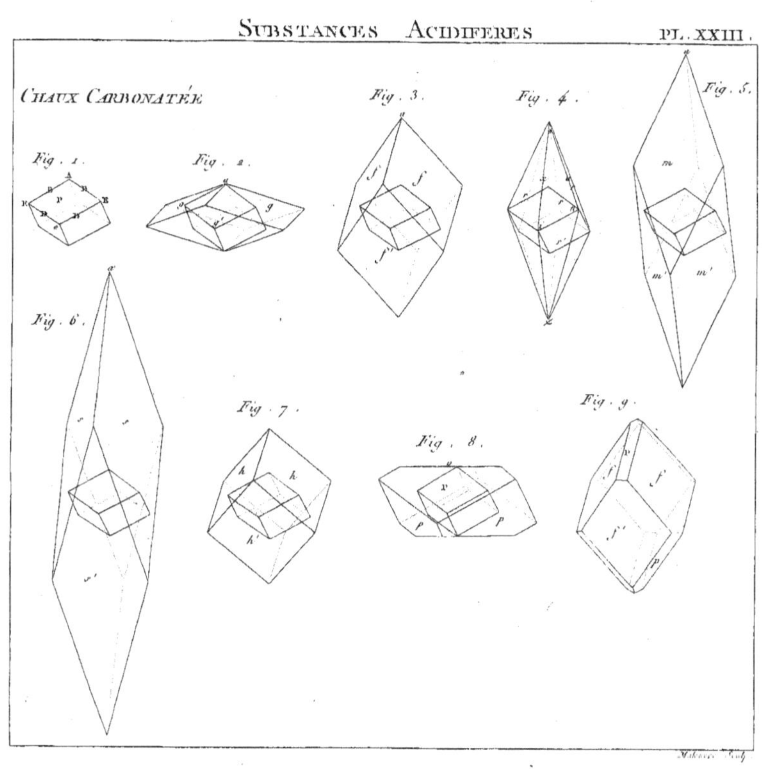
CHAUX CARBONATÉE
Fig. 1.
Fig. 2.
Fig. 3.
Fig. 4.
Fig. 5.
Fig. 6.
Fig. 7.
Fig. 8.
Fig. 9.

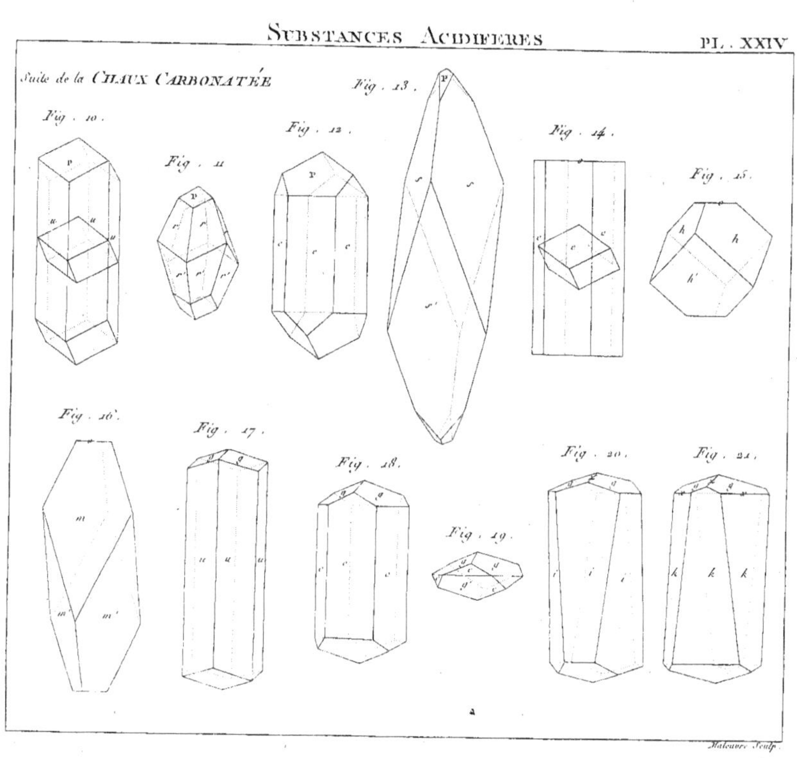
SUBSTANCES ACIDIFÈRES
PL. XXIV
Suite de la CHAUX CARBONATÉE
Fig. 10.
Fig. 11
Fig. 12.
Fig. 13.
Fig. 14.
Fig. 15.
Fig. 16.
Fig. 17.
Fig. 18.
Fig. 19.
Fig. 20.
Fig. 21.
Malcuvre Sculp.

Suite de la CHAUX CARBONATÉE

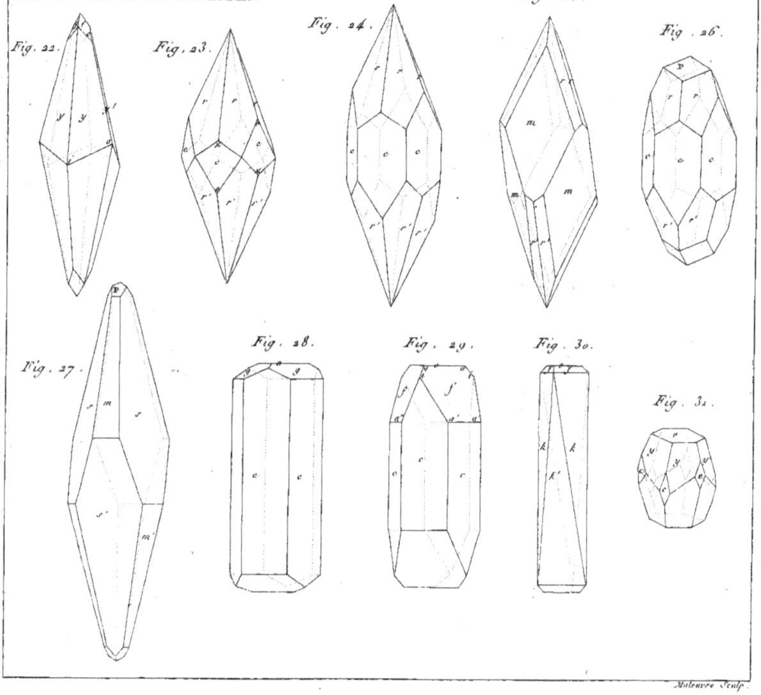

Malœuvre Sculp.

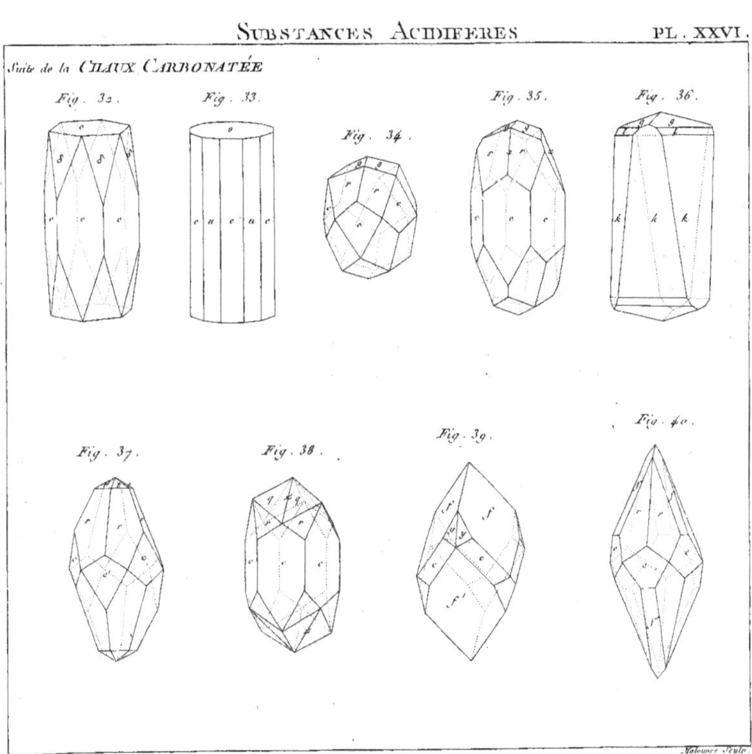
Suite de la CHAUX CARBONATÉE
Fig. 32.
Fig. 33.
Fig. 34.
Fig. 35.
Fig. 36.
Fig. 37.
Fig. 38.
Fig. 39.
Fig. 40.
Malœuvre Sculp.

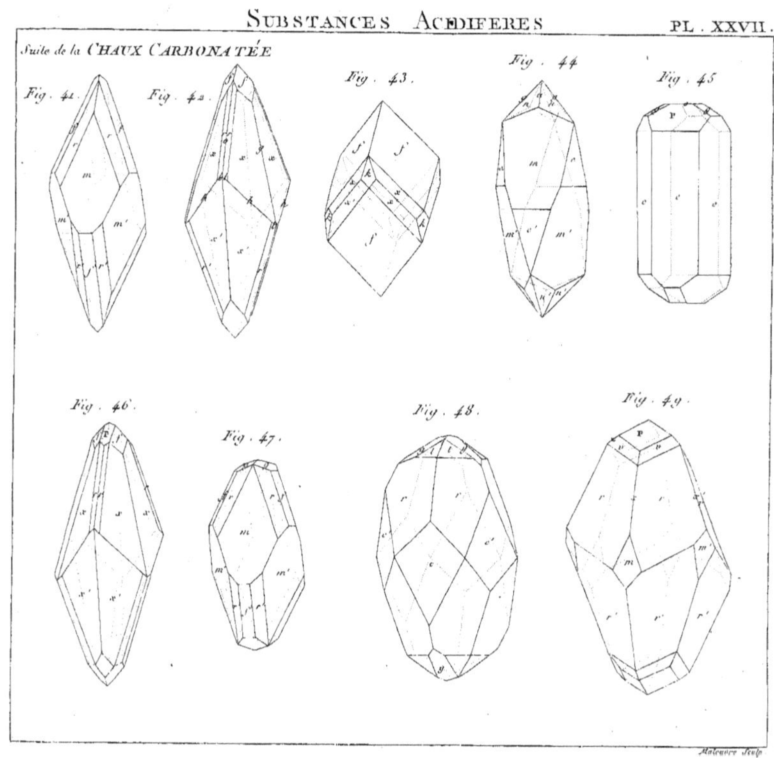
SUBSTANCES ACIDIFERES
PL. XXVII.
Suite de la CHAUX CARBONATÉE
Fig. 41.
Fig. 42.
Fig. 43.
Fig. 44
Fig. 45
Fig. 46.
Fig. 47.
Fig. 48.
Fig. 49.

Suite de la CHAUX CARBONATÉE

DOUBLE REFRACTION

Fig. 50.

Fig. 51.

Fig. 52.

Fig. 53.

Fig. 54.

Fig. 55.

Fig. 57.

Fig. 56.

Fig. 58.

Maleuvre Sculp.

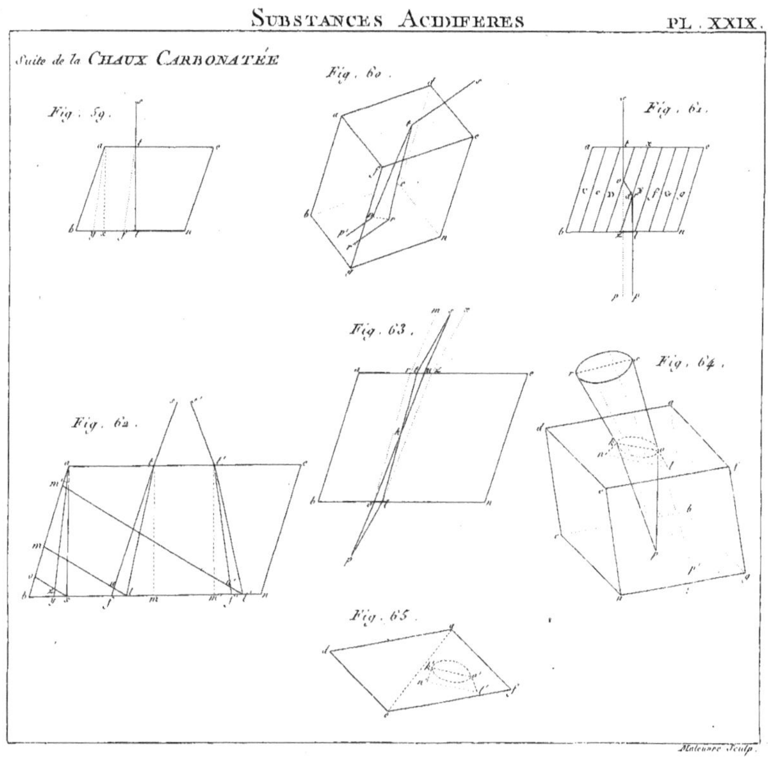
Suite de la CHAUX CARBONATÉE
Fig. 59.
Fig. 60.
Fig. 61.
Fig. 62.
Fig. 63.
Fig. 64.
Fig. 65.
Maleuvre Sculp.

CHAUX PHOSPHATÉE

Fig. 66. Fig. 67.  Fig. 68. 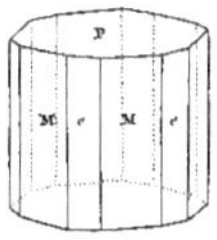 Fig. 69.

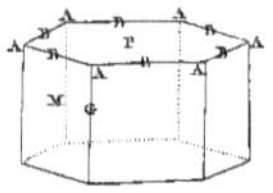

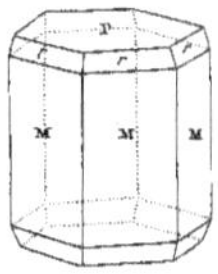

Fig. 70. 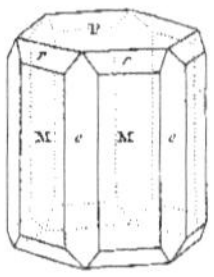 Fig. 71. 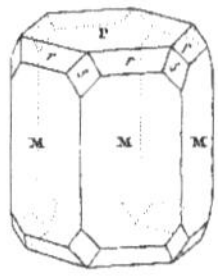 Fig. 72. 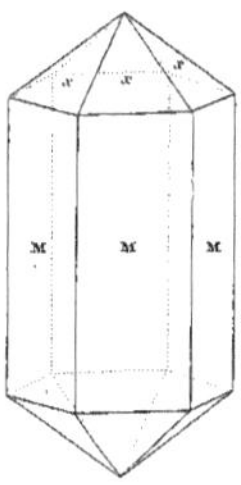 Fig. 73.

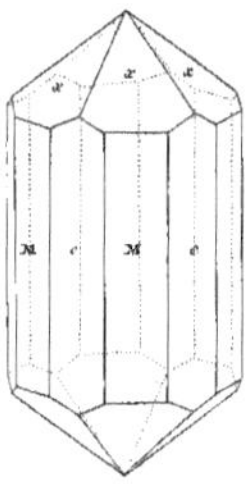

Malœuvre Sculp.

CHAUX FLUATÉE

Fig. 74.

Fig. 75.

Fig. 76.

Fig. 77.

Fig. 78.

Fig. 79.

Fig. 80.

Fig. 81

Fig. 82.

Malœuvre Sculp.

Suite de la CHAUX FLUATÉE

Fig. 83. Fig. 84. 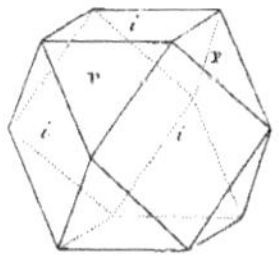 Fig. 85. 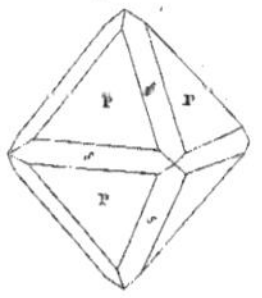 Fig. 86.

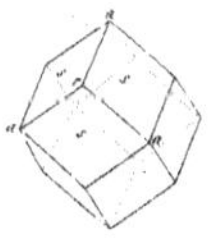

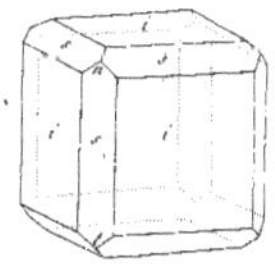

Fig. 87. 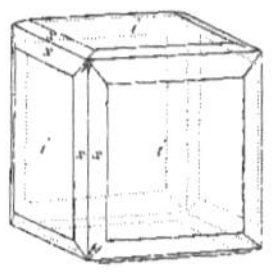 Fig. 88. 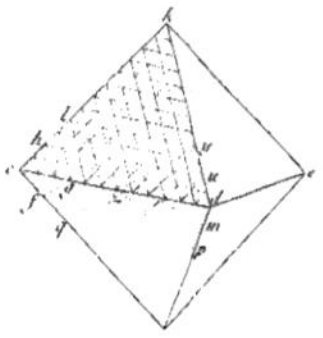 Fig. 89. 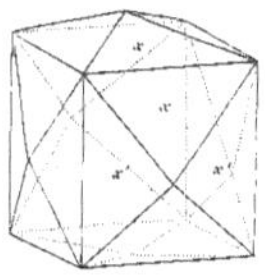 Fig. 90.

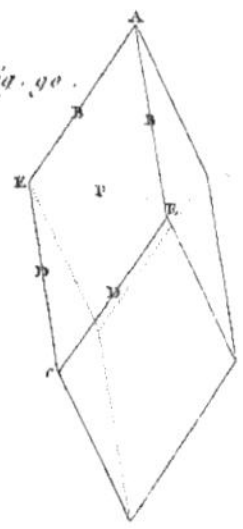

Malœuvre Sculp.

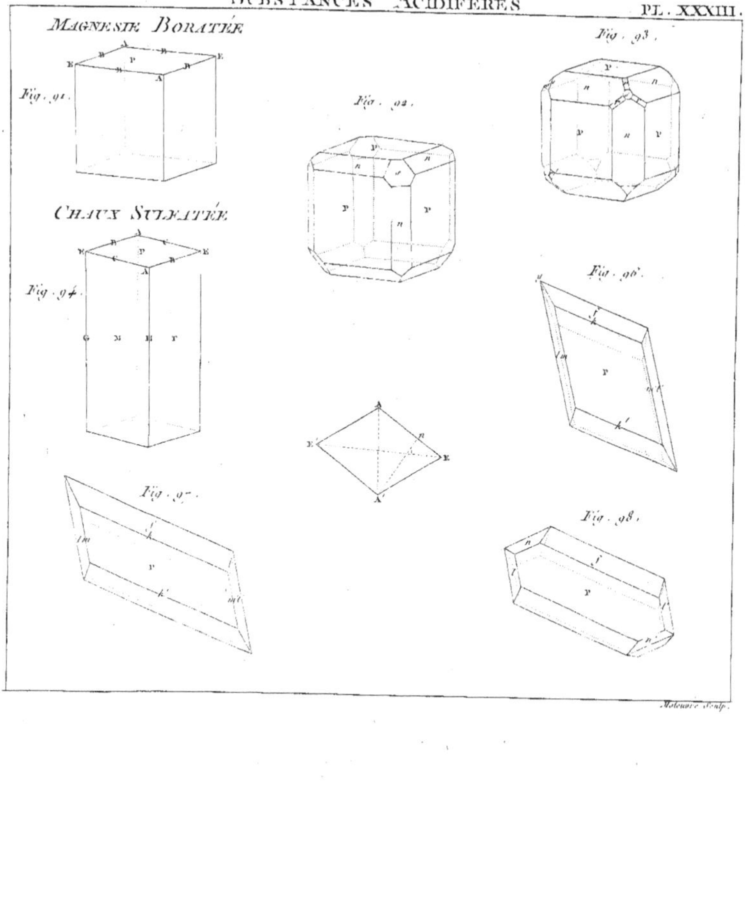

SUBSTANCES ACIDIFÈRES PL. XXXIII.

MAGNÉSIE BORATÉE

Fig. 91.

Fig. 92.

Fig. 93.

CHAUX SULFATÉE

Fig. 94.

Fig. 96.

Fig. 97.

Fig. 98.

Moleuvre Sculp.

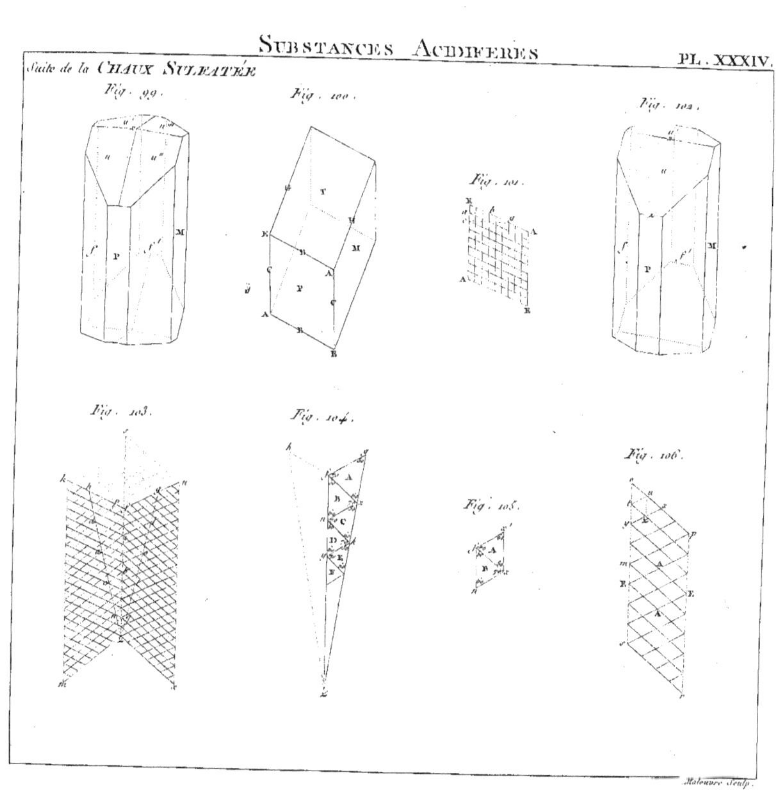
SUBSTANCES ACIDIFÈRES
PL. XXXIV.
Suite de la CHAUX SULFATÉE
Fig. 99.
Fig. 100.
Fig. 101.
Fig. 102.
Fig. 103.
Fig. 104.
Fig. 105.
Fig. 106.
Malœuvre Sculp.

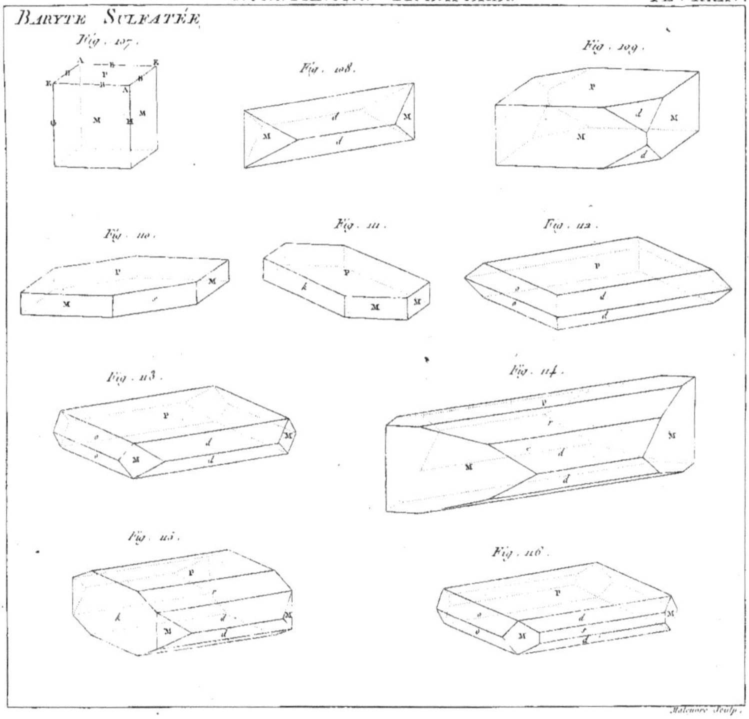

BARYTE SULFATÉE.

Fig. 107.

A B E H P H E A H M H M O

Fig. 108.

d M M d

Fig. 109.

P d M M d

Fig. 110.

P M M o

Fig. 111.

P k M M

Fig. 112.

P o o d d

Fig. 113.

P o o d M d M

Fig. 114.

P r M e d M d

Fig. 115.

P r k d M d M

Fig. 116.

P o d o M r M d

Malœuvre Sculp.

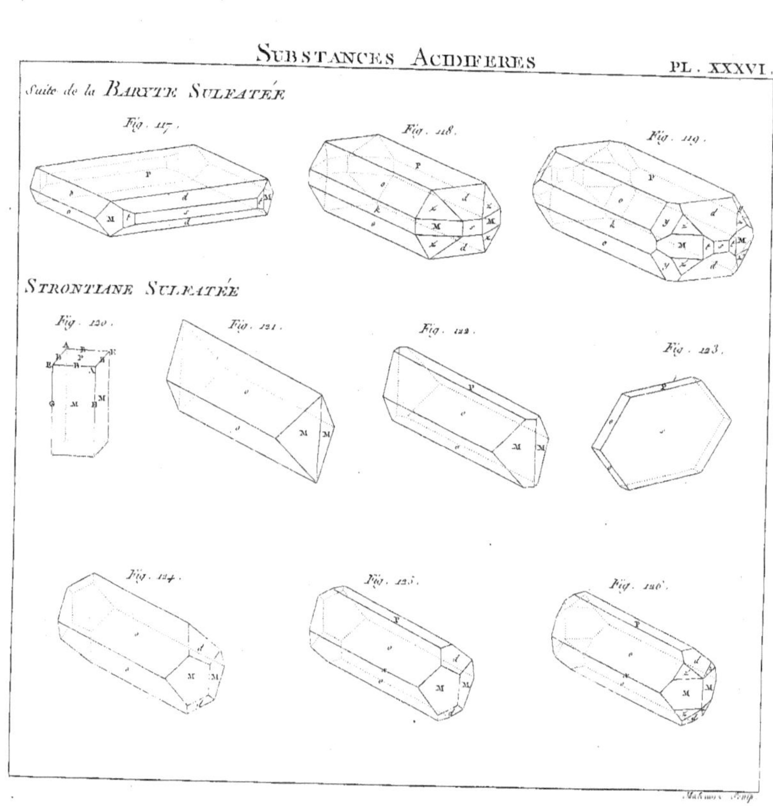
SUBSTANCES ACIDIFERES
PL. XXXVI.
Suite de la BARYTE SULFATÉE
Fig. 117.
Fig. 118.
Fig. 119.
STRONTIANE SULFATÉE
Fig. 120.
Fig. 121.
Fig. 122.
Fig. 123.
Fig. 124.
Fig. 125.
Fig. 126.
Malœuvre Sculp.

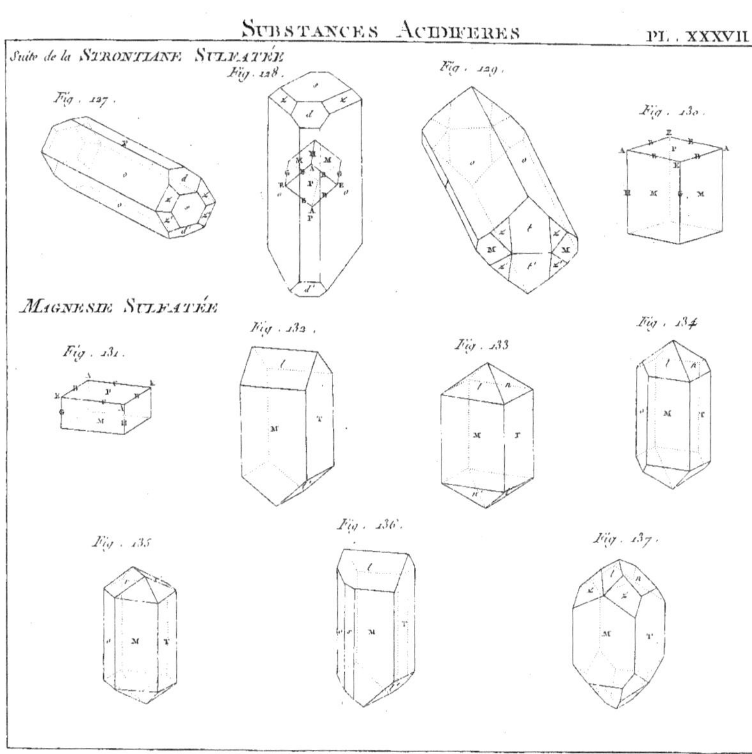
Substances Acidiferes
Pl. XXXVII.
Suite de la Strontiane Sulfatée
Fig. 127.
Fig. 128.
Fig. 129.
Fig. 130.
Magnesie Sulfatée
Fig. 131.
Fig. 132.
Fig. 133
Fig. 134
Fig. 135
Fig. 136.
Fig. 137.

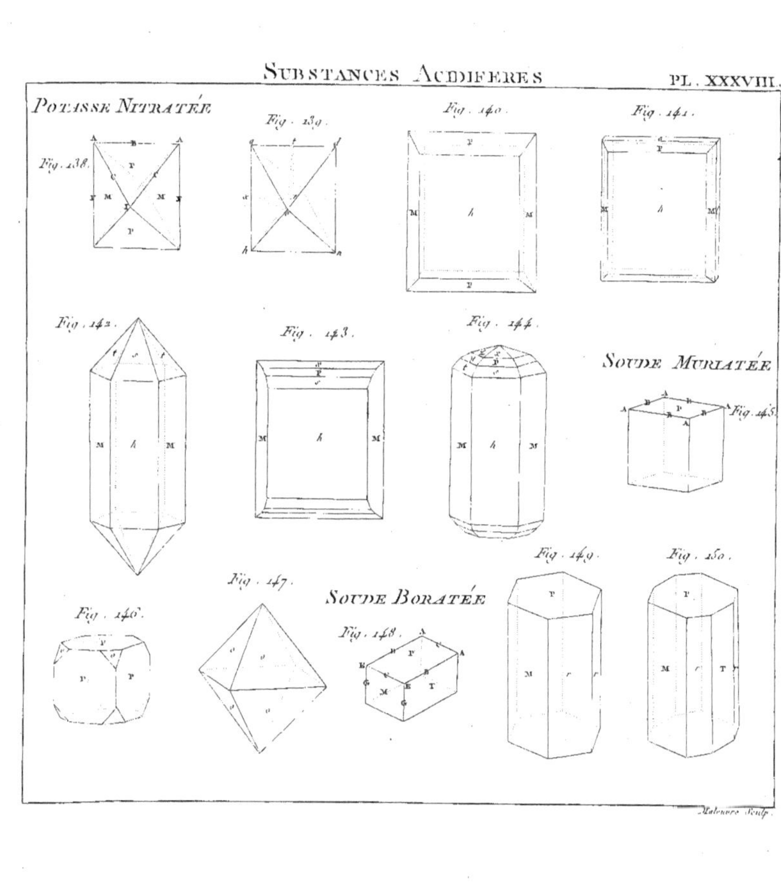
SUBSTANCES ACIDIFERES
PL. XXXVIII.
POTASSE NITRATÉE
Fig. 138.
Fig. 139.
Fig. 140.
Fig. 141.
Fig. 142.
Fig. 143.
Fig. 144.
SOUDE MURIATÉE
Fig. 145.
Fig. 146.
Fig. 147.
SOUDE BORATÉE
Fig. 148.
Fig. 149.
Fig. 150.
Malœuvre Sculp.

Suite de la SOUDE BORATÉE

Fig. 151.

Fig. 152.

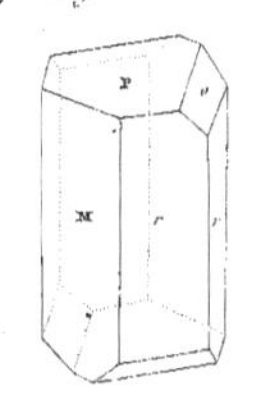

Fig. 153.

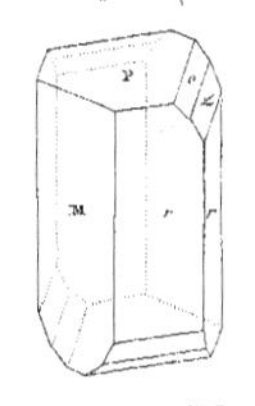

Fig. 154.

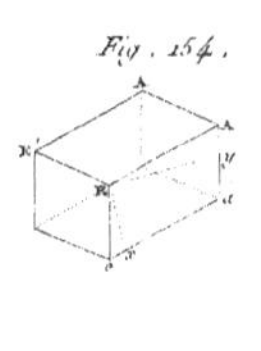

SOUDE CARBONATÉE

Fig. 155.

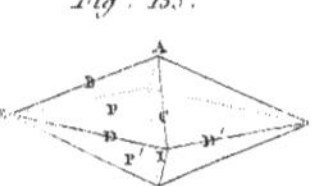

Fig. 156.

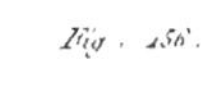

AMMONIAQUE MURIATÉ

Fig. 157.

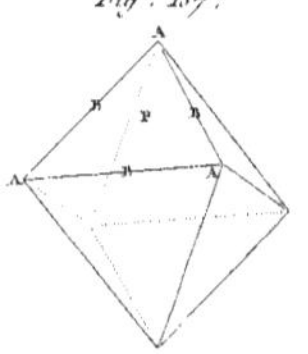

Fig. 158.

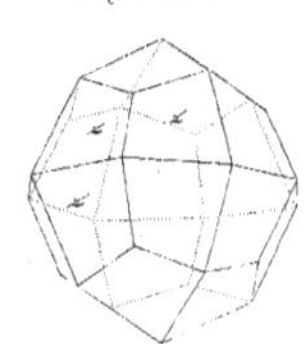

ALUMINE SULFATÉE ALKALINE

Fig. 159.

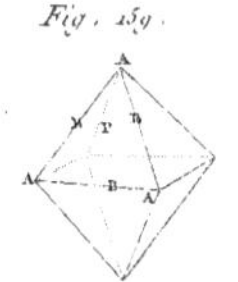

Fig. 160.

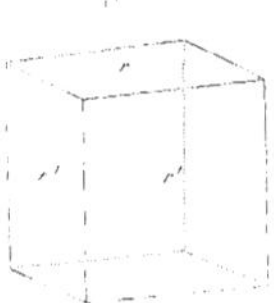

Fig. 161.

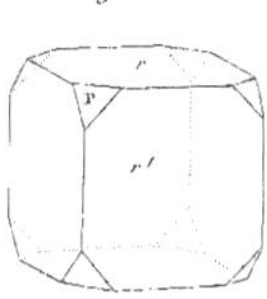

Fig. 162.

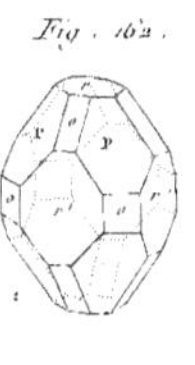

Malœuvre Sculp.

SUBSTANCES TERREUSES PL. XL.

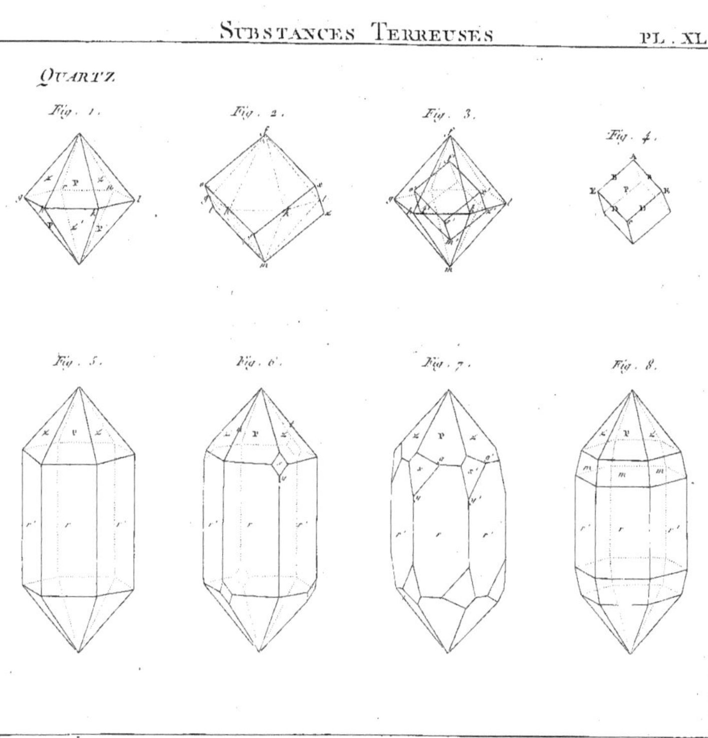

Maleuvre Sculp.

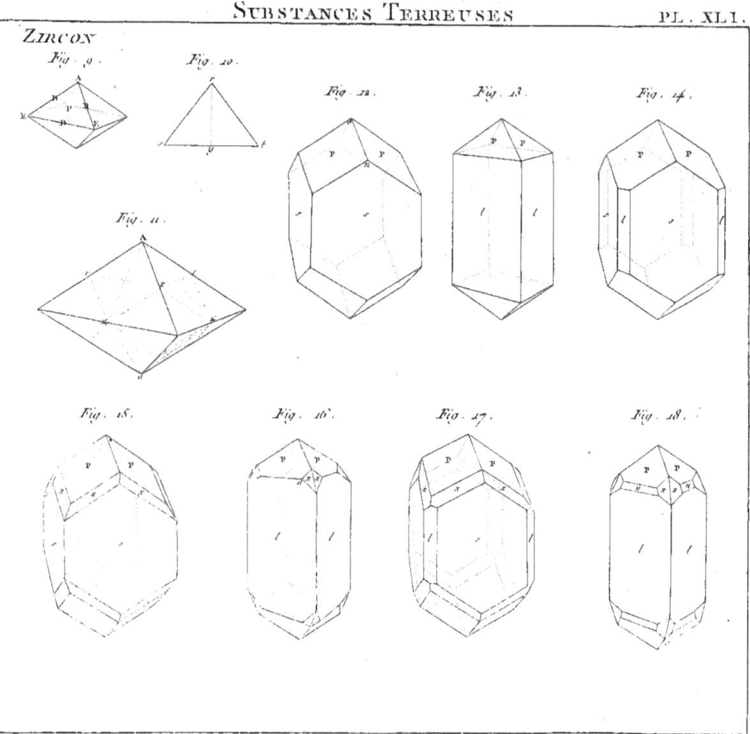
SUBSTANCES TERREUSES
PL. XLI.
ZIRCON
Fig. 9.
Fig. 10.
Fig. 11.
Fig. 12.
Fig. 13.
Fig. 14.
Fig. 15.
Fig. 16.
Fig. 17.
Fig. 18.

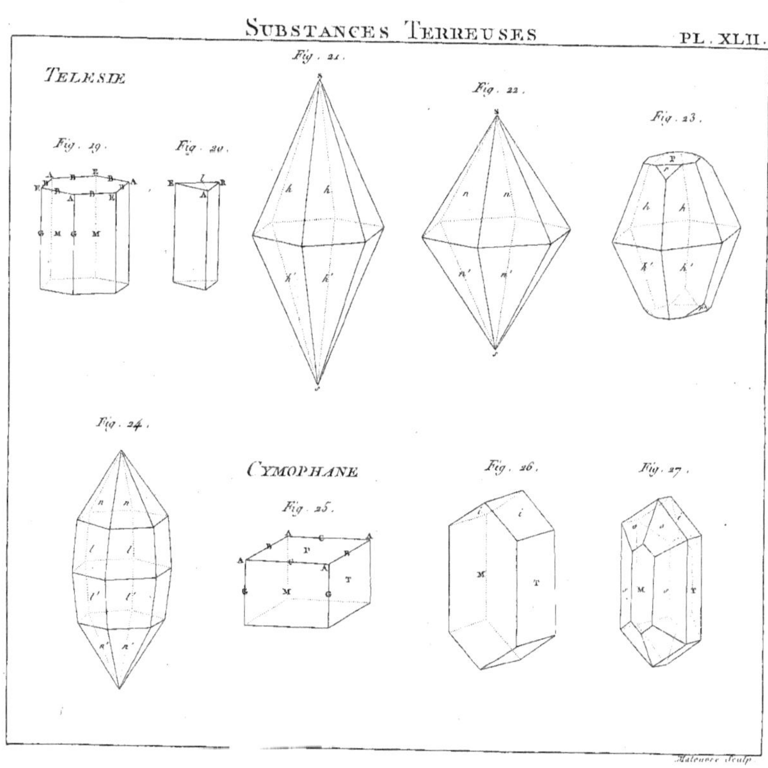
TELESIE
Fig. 19.
Fig. 20.
Fig. 21.
Fig. 22.
Fig. 23.
Fig. 24.
CYMOPHANE
Fig. 25.
Fig. 26.
Fig. 27.
Malœuvre Sculp.

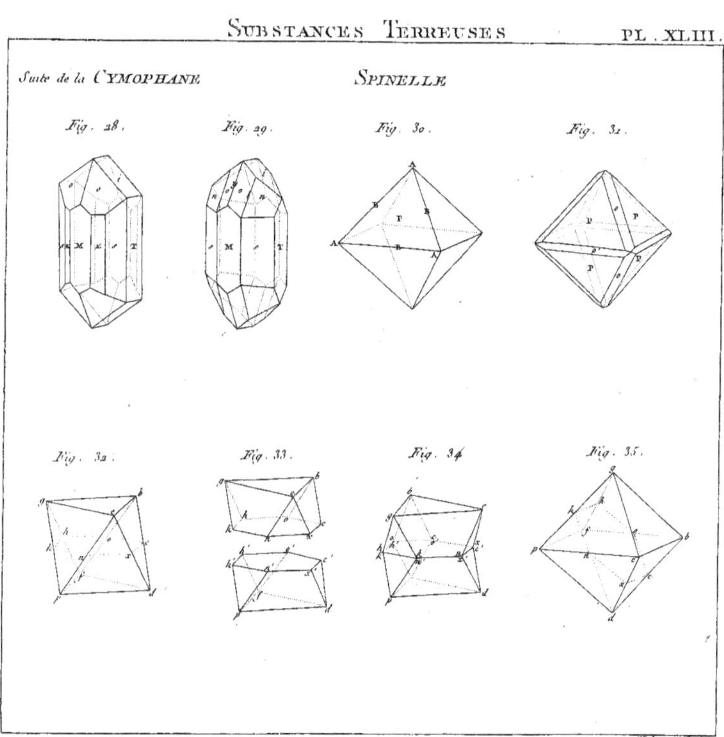
Substances Terreuses
Pl. XLIII.
Suite de la Cymophane
Spinelle
Fig. 28.
Fig. 29.
Fig. 30.
Fig. 31.
Fig. 32.
Fig. 33.
Fig. 34.
Fig. 35.
Maleuvre Sculp.

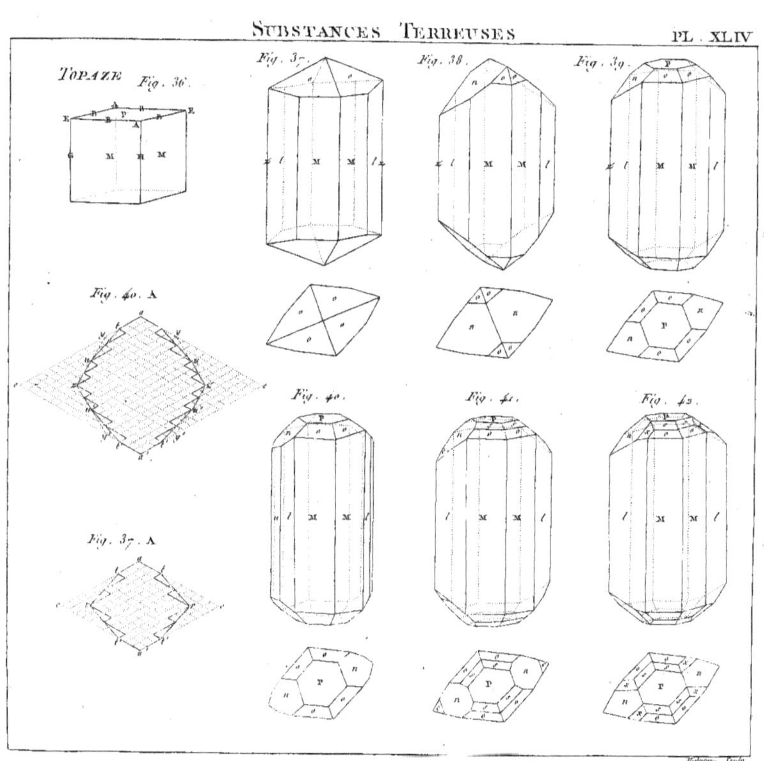
TOPAZE Fig. 36.
Fig. 37.
Fig. 38.
Fig. 39.
Fig. 40. A
Fig. 40.
Fig. 41.
Fig. 42.
Fig. 37. A

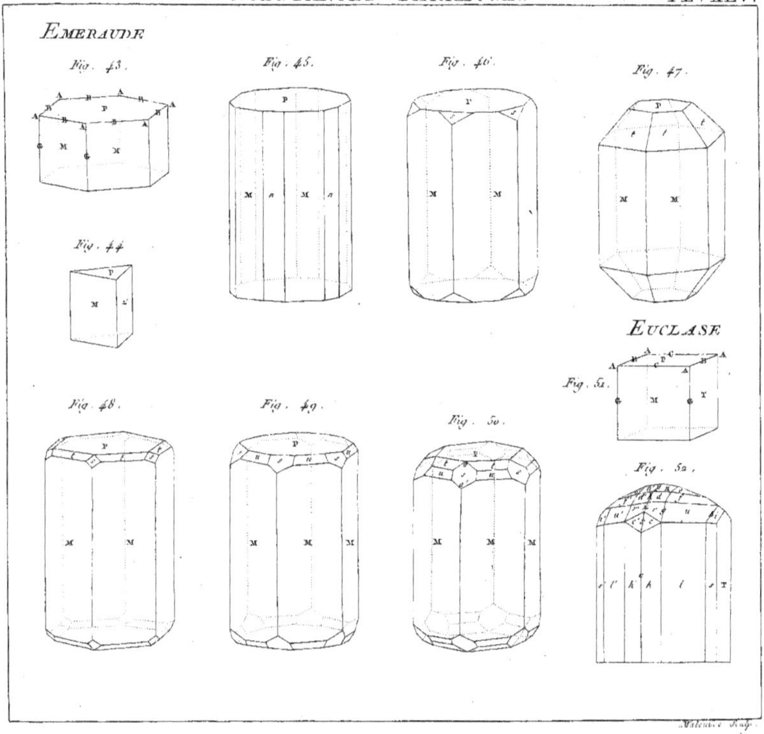

EMERAUDE

Fig. 43. Fig. 45. Fig. 46. Fig. 47.

Fig. 44.

EUCLASE

Fig. 51.

Fig. 48. Fig. 49. Fig. 50.

Fig. 52.

Malœuvre Sculp.

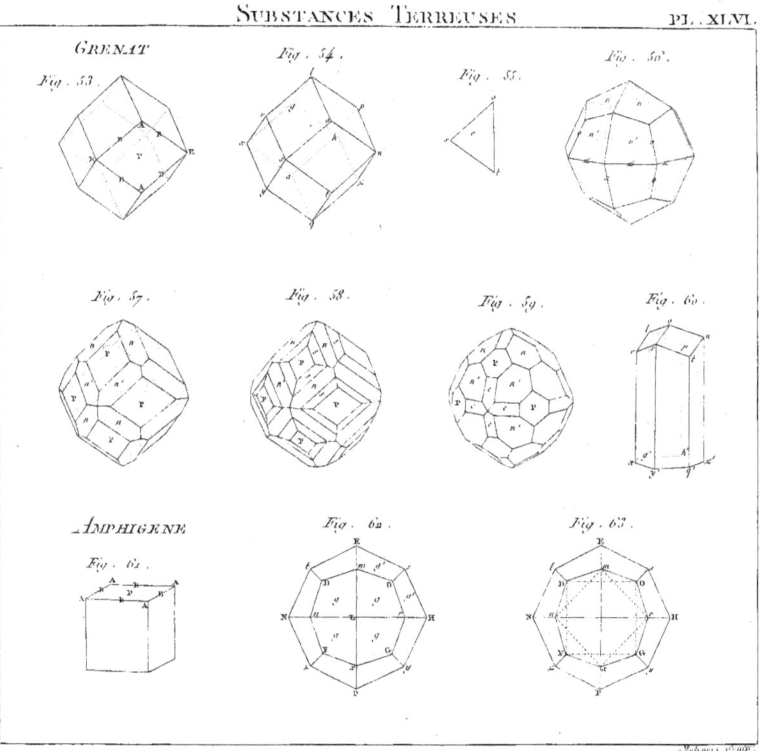
GRENAT
Fig. 53.
Fig. 54.
Fig. 55.
Fig. 56.
Fig. 57.
Fig. 58.
Fig. 59.
Fig. 60.
AMPHIGENE
Fig. 61.
Fig. 62.
Fig. 63.

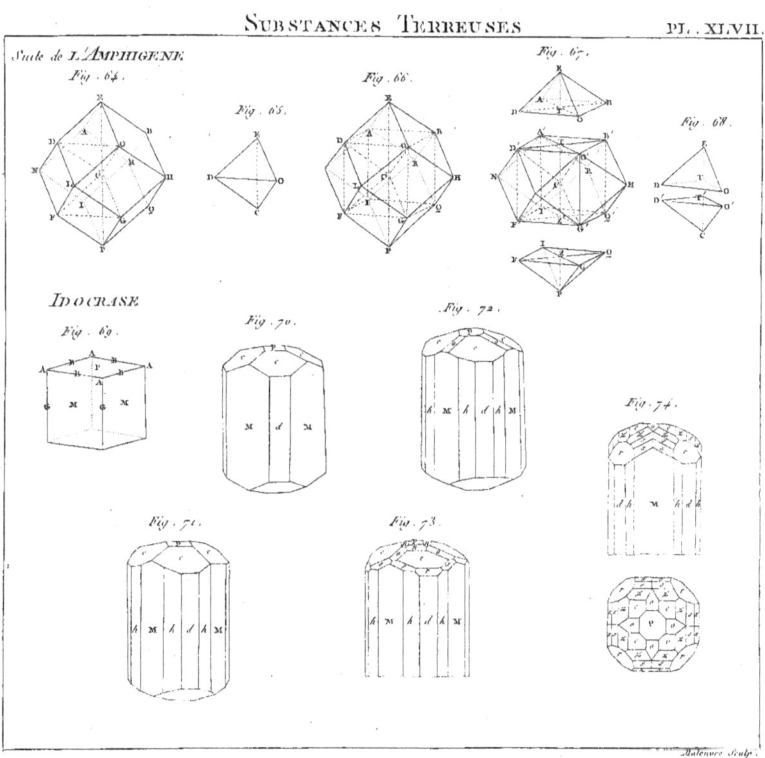
Suite de L'AMPHIGENE
Fig. 64.
Fig. 65.
Fig. 66.
Fig. 67.
Fig. 68.
IDOCRASE
Fig. 69.
Fig. 70.
Fig. 72.
Fig. 74.
Fig. 71.
Fig. 73.
Malcuvre Sculp.

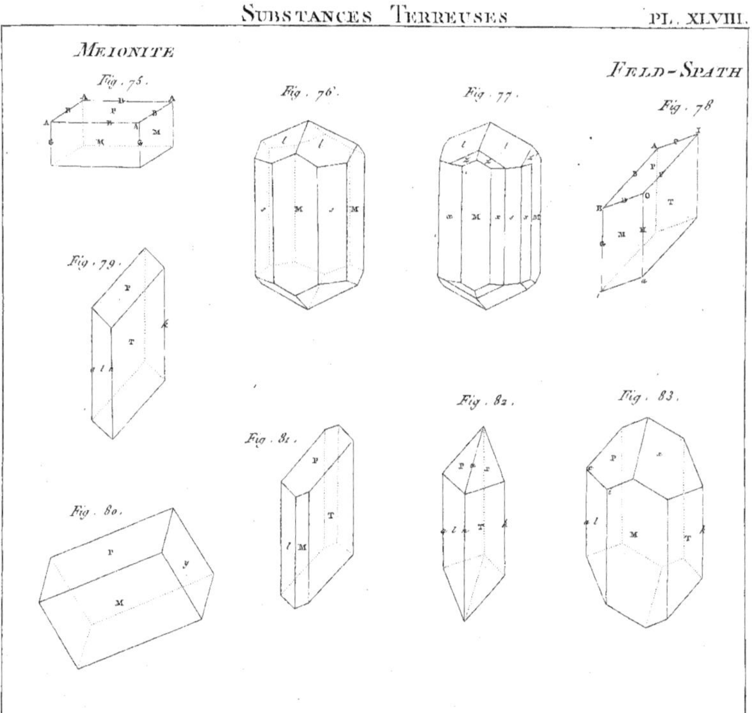

Malœuvre Sculp.

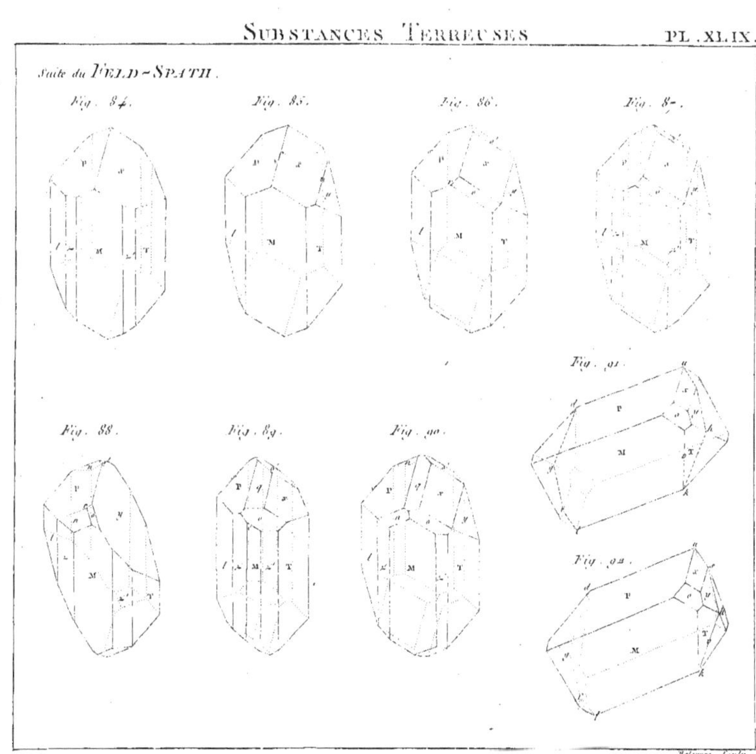
SUBSTANCES TERREUSES
PL. XLIX.
Suite du FELD-SPATH.
Fig. 84.
Fig. 85.
Fig. 86.
Fig. 87.
Fig. 88.
Fig. 89.
Fig. 90.
Fig. 91.
Fig. 92.
Malœuvre Sculp.

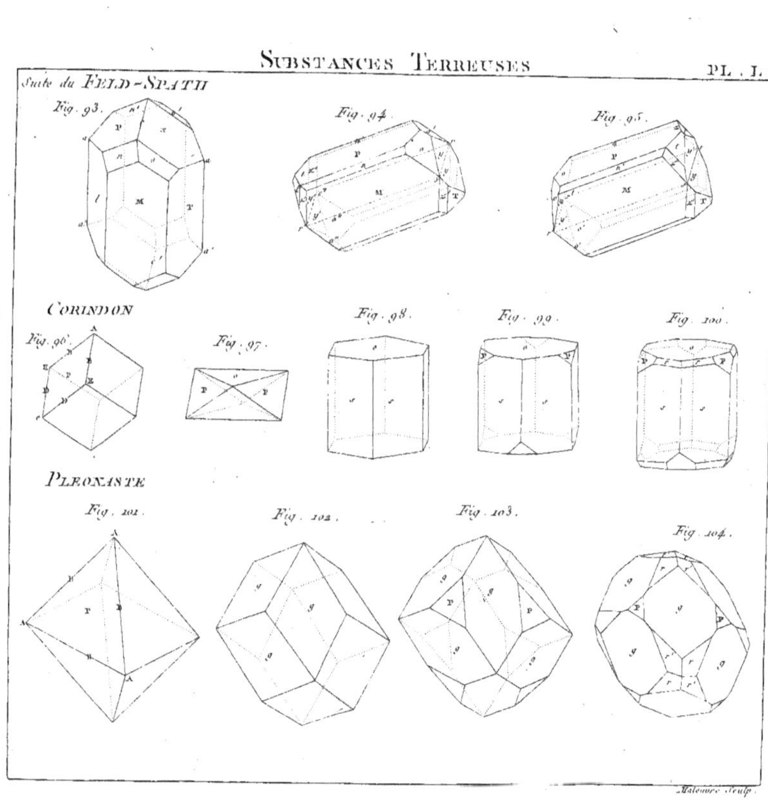
Suite du FELD-SPATH
Fig. 93.
Fig. 94.
Fig. 95.
CORINDON
Fig. 96.
Fig. 97.
Fig. 98.
Fig. 99.
Fig. 100.
PLEONASTE
Fig. 101.
Fig. 102.
Fig. 103.
Fig. 104.
Malœuvre Sculp.

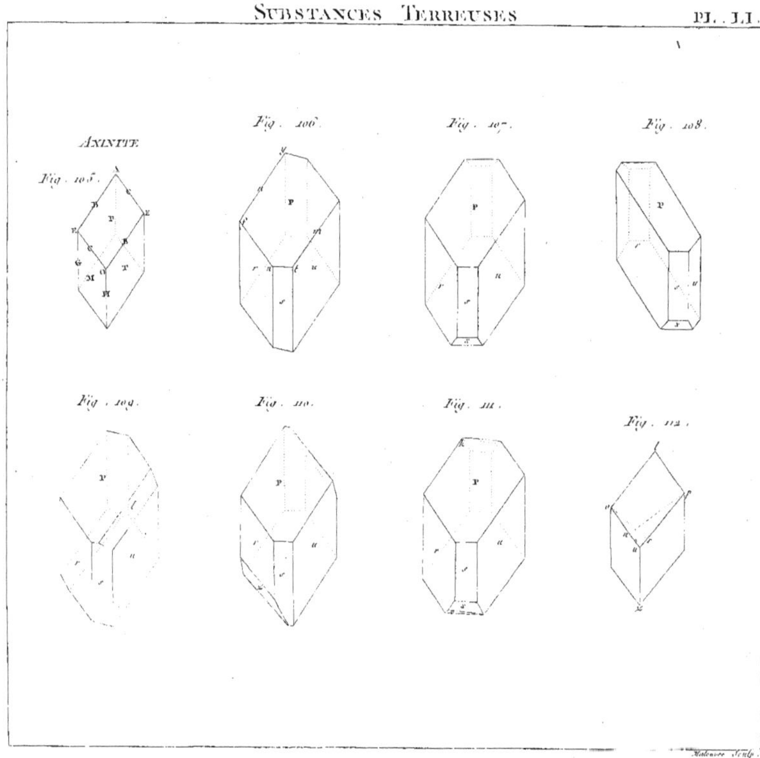
AXINITE
Fig. 105.
Fig. 106.
Fig. 107.
Fig. 108.
Fig. 109.
Fig. 110.
Fig. 111.
Fig. 112.
Malœuvre Sculp.

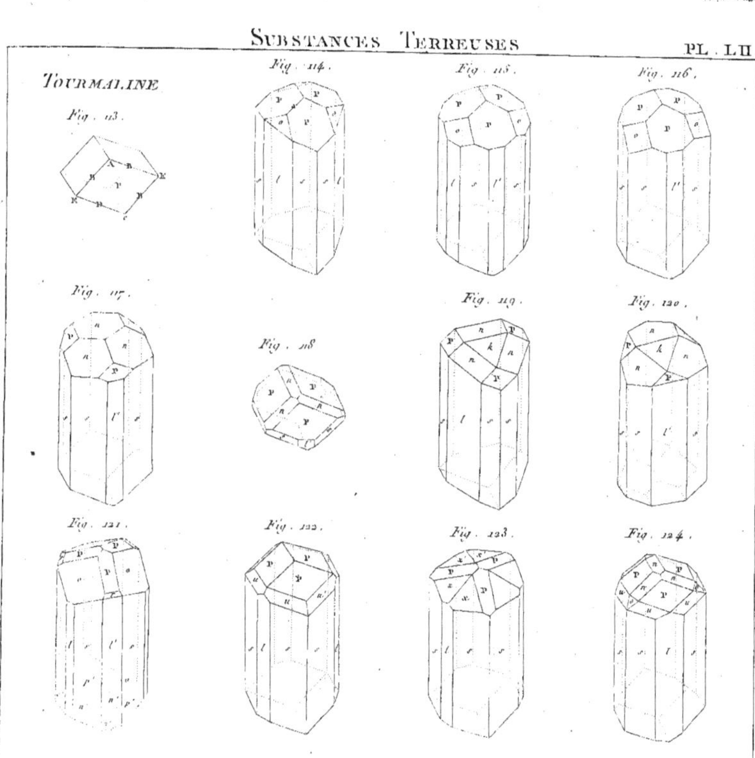
SUBSTANCES TERREUSES
PL. LII.
TOURMALINE
Fig. 113.
Fig. 114.
Fig. 115.
Fig. 116.
Fig. 117.
Fig. 118.
Fig. 119.
Fig. 120.
Fig. 121.
Fig. 122.
Fig. 123.
Fig. 124.

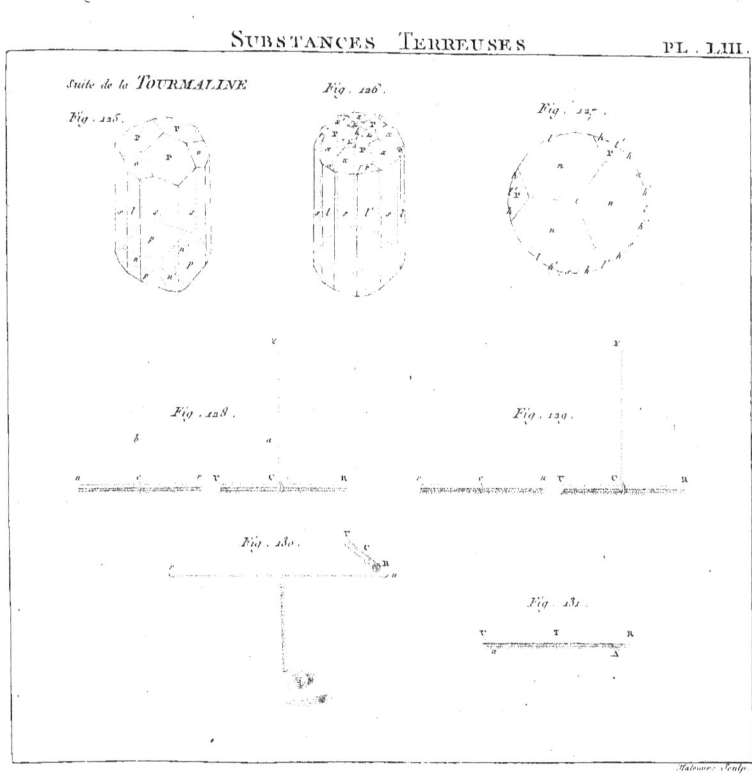

Malœuvre Sculp.

AMPHIBOLE

Fig. 132.

Fig. 133.

Fig. 134.

Fig. 135.

Fig. 136.

Fig. 137.

PYROXENE

Fig. 138.

Fig. 139

Fig. 140.

Fig. 141.

Fig. 142.

Fig. 143

Fig. 144.

Fig. 145.

Malœuvre Sculp.

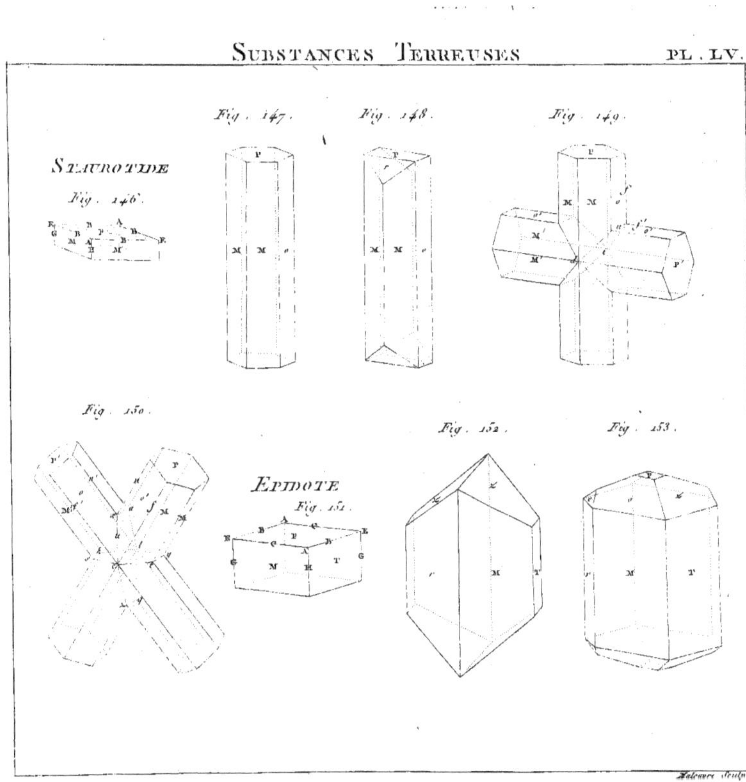
SUBSTANCES TERREUSES
PL. LV.
STAUROTIDE
Fig. 146.
Fig. 147.
Fig. 148.
Fig. 149.
Fig. 150.
EPIDOTE
Fig. 151.
Fig. 152.
Fig. 153.
Malœuvre Sculp.

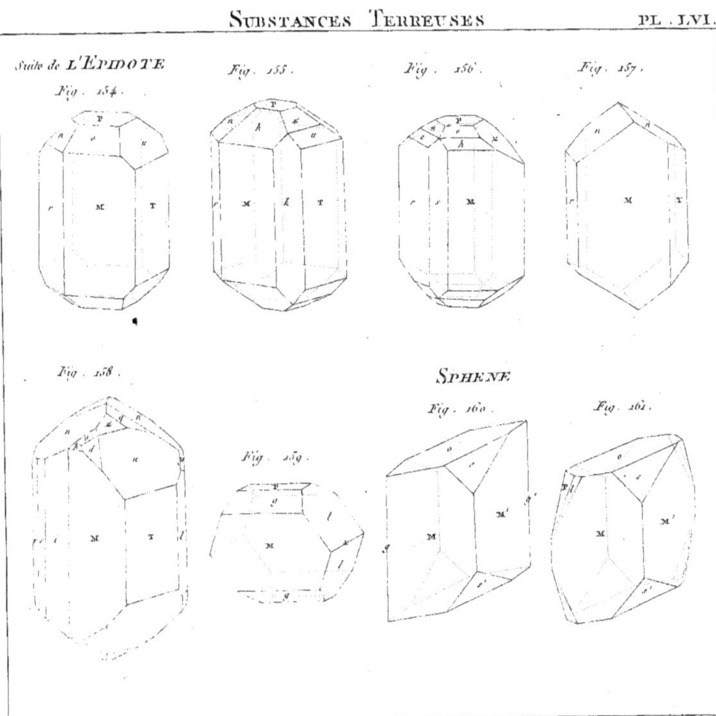
SUBSTANCES TERREUSES
PL. LVI.
Suite de L'EPIDOTE
Fig. 154.
Fig. 155.
Fig. 156.
Fig. 157.
Fig. 158.
Fig. 159.
SPHENE
Fig. 160.
Fig. 161.
Malœuvre Sculp.

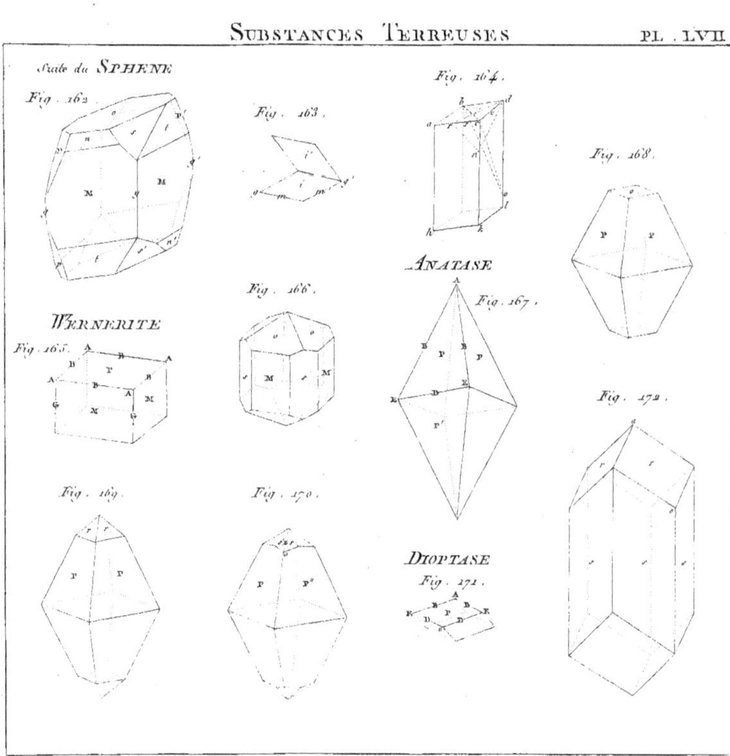
Suite du SPHENE
Fig. 162.
Fig. 163.
Fig. 164.
Fig. 168.
ANATASE
Fig. 166.
Fig. 167.
WERNERITE
Fig. 165.
Fig. 172.
Fig. 169.
Fig. 170.
DIOPTASE
Fig. 171.

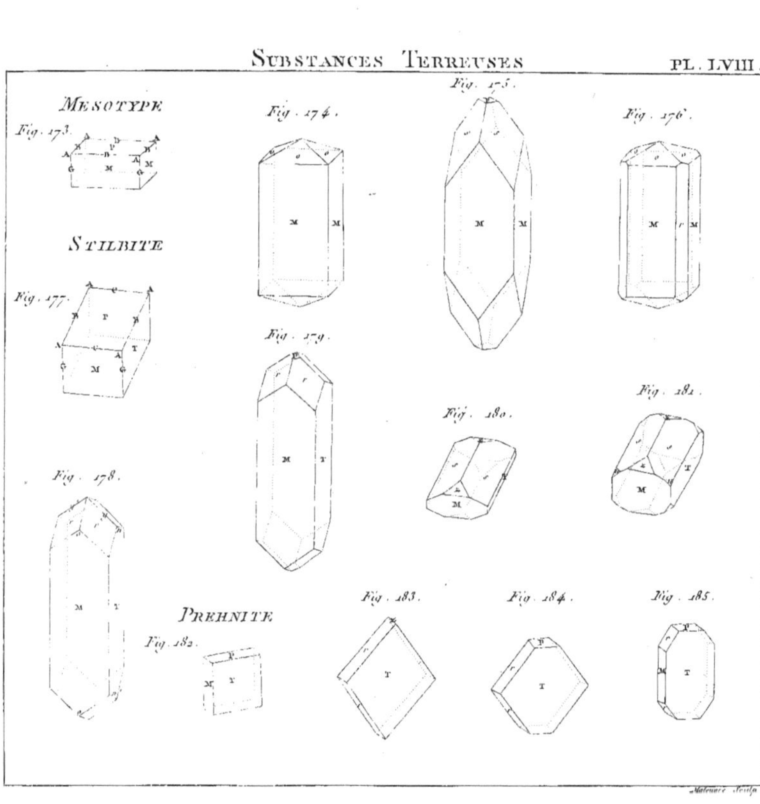
MESOTYPE
Fig. 173.
STILBITE
Fig. 177.
Fig. 178.
PREHNITE
Fig. 182.
Fig. 174.
Fig. 179.
Fig. 183.
Fig. 175.
Fig. 180.
Fig. 184.
Fig. 176.
Fig. 181.
Fig. 185.
Maleuvre Sculp.

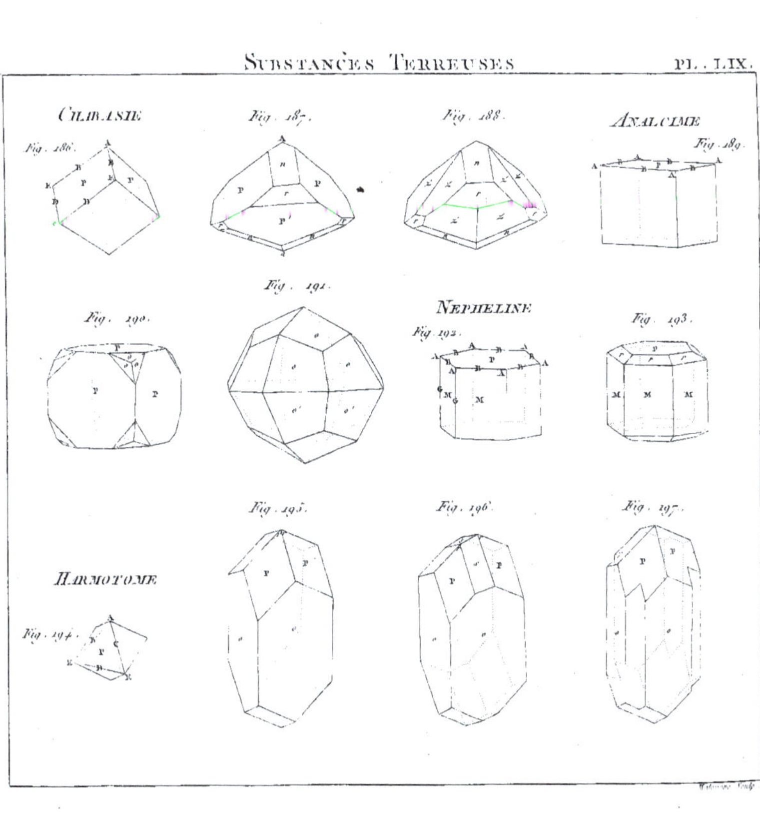
Substances Terreuses
PL. LIX.
Chabasie
Fig. 186.
Fig. 187.
Fig. 188.
Analcime
Fig. 189.
Fig. 190.
Fig. 191.
Nepheline
Fig. 192.
Fig. 193.
Harmotome
Fig. 194.
Fig. 195.
Fig. 196.
Fig. 197.

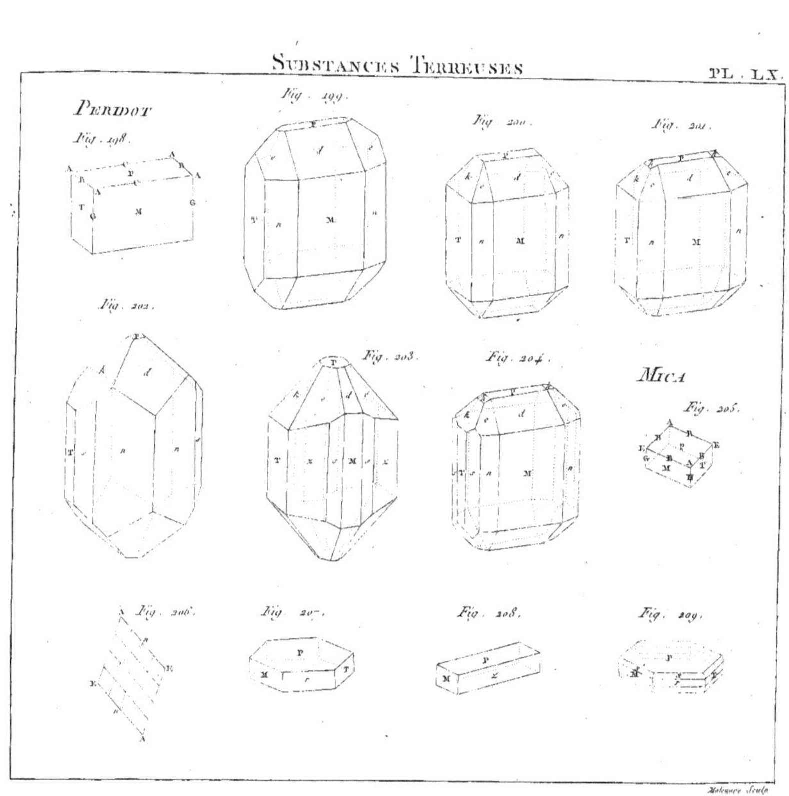

Malœuvre Sculp.

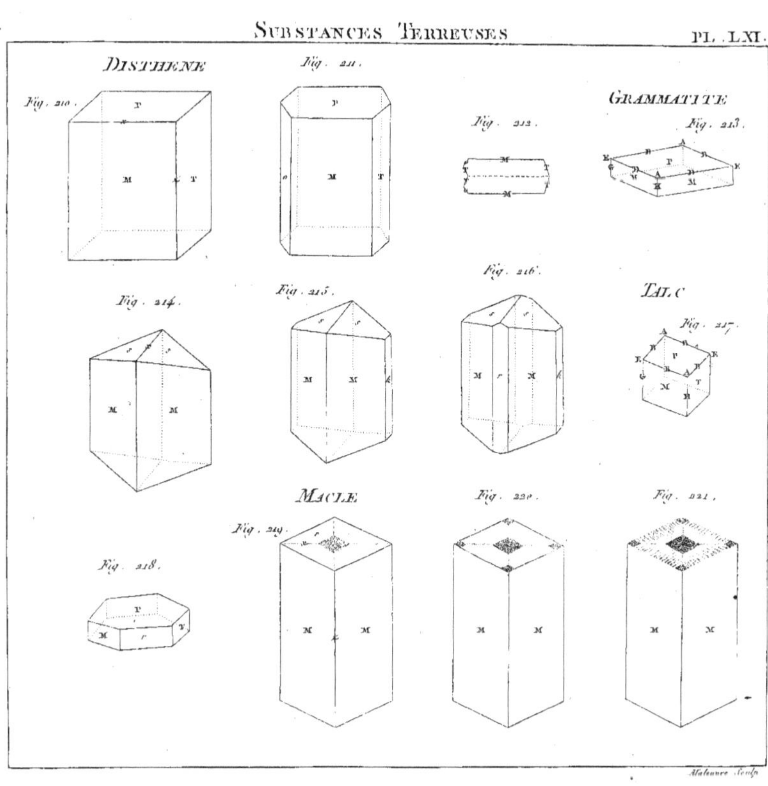

SUBSTANCES TERREUSES
PL. LXI.
DISTHENE
Fig. 210.
Fig. 211.
Fig. 212.
GRAMMATITE
Fig. 213.
Fig. 214.
Fig. 215.
Fig. 216.
TALC
Fig. 217.
MACLE
Fig. 218.
Fig. 219.
Fig. 220.
Fig. 221.

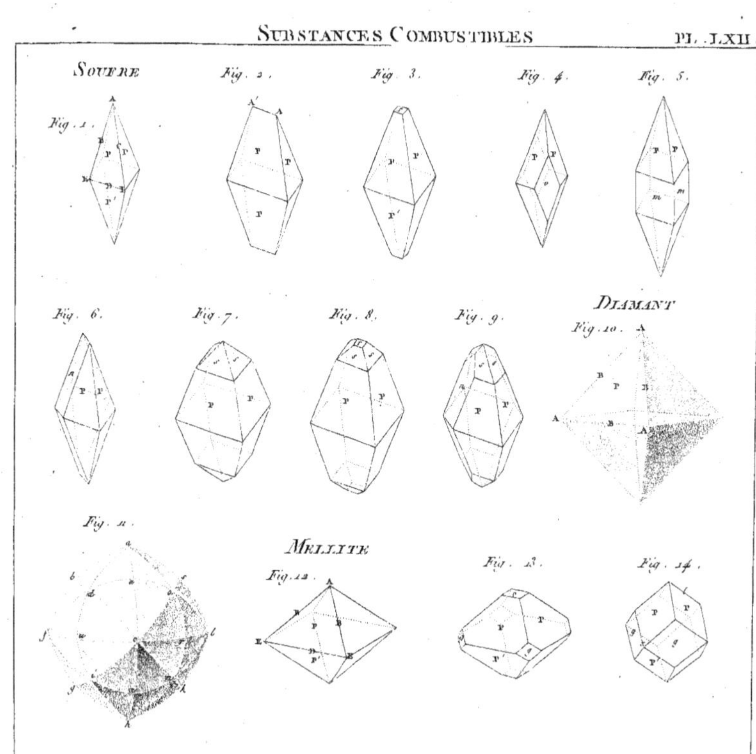
SUBSTANCES COMBUSTIBLES
PL. LXII.
SOUFRE
Fig. 1.
Fig. 2.
Fig. 3.
Fig. 4.
Fig. 5.
Fig. 6.
Fig. 7.
Fig. 8.
Fig. 9.
DIAMANT
Fig. 10.
Fig. 11.
MELLITE
Fig. 12.
Fig. 13.
Fig. 14.
Malœuvre Sculp.

OR NATIF, ARGENT NATIF, ARGENT SULFURÉ
CUIVRE NATIF ET COBALT ARSENICAL

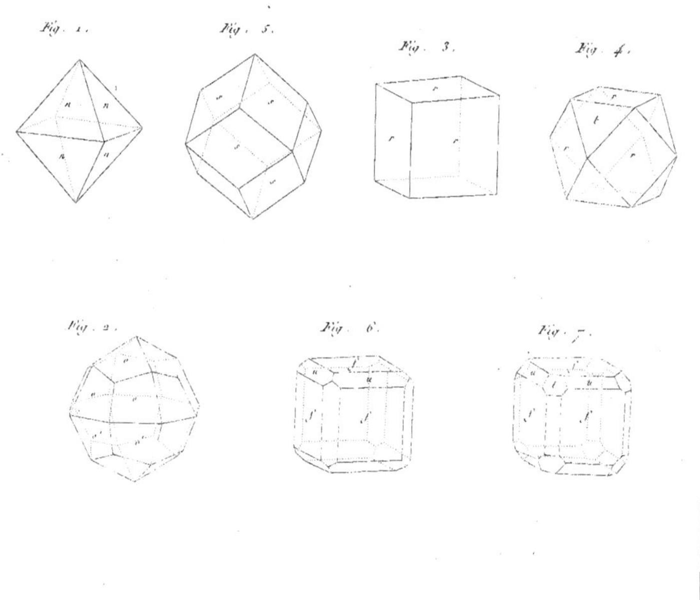

Maloeuvre Sculp.

ARGENT ANTIMONIÉ SULFURÉ

Fig. 8.
A B D E F E D D' c

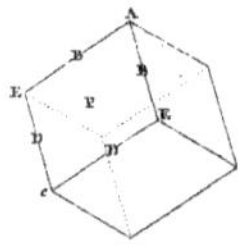

Fig. 9.
P P' n n n

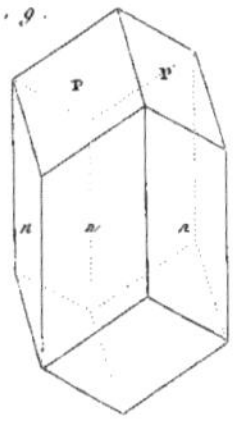

Fig. 10.
o n n n

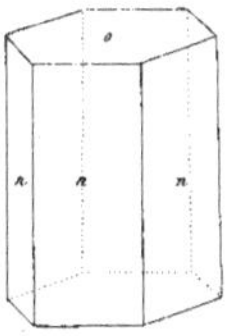

Fig. 11.
o k k n n n

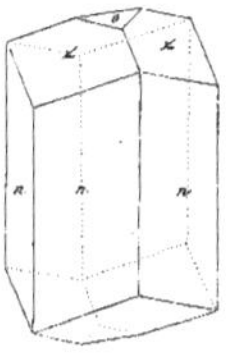

Fig. 12.
z z f f' f'

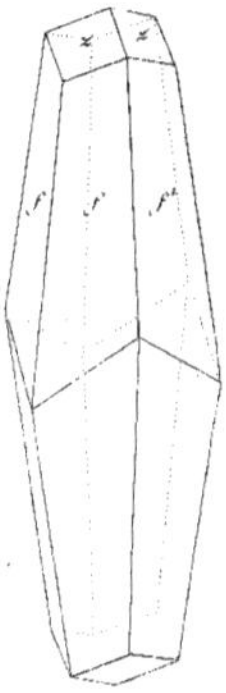

Fig. 13.
l l u l' f f f'

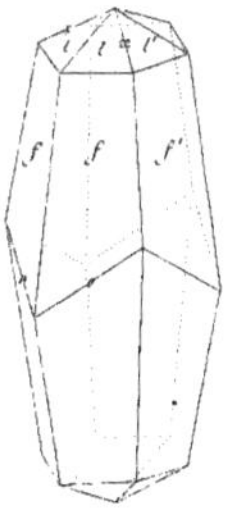

Fig. 14.
h h h' r

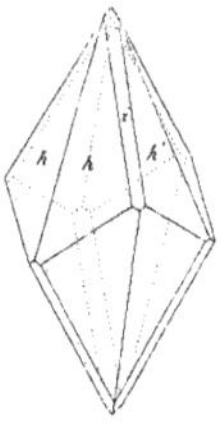

Fig. 15.
P k P n n n

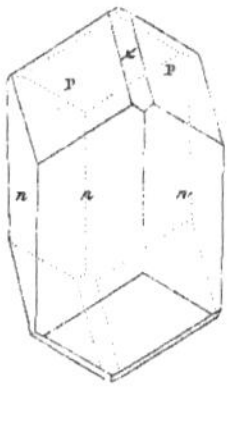

Malœuvre Sculp.

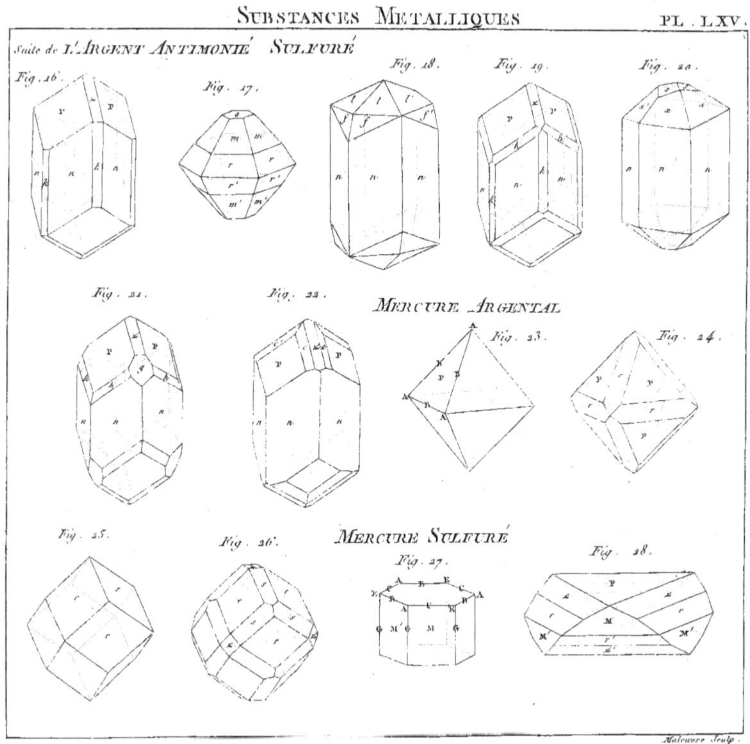
SUBSTANCES METALLIQUES
PL. LXV.
Suite de L'ARGENT ANTIMONIÉ SULFURÉ
Fig. 16.
Fig. 17.
Fig. 18.
Fig. 19.
Fig. 20.
Fig. 21.
Fig. 22.
MERCURE ARGENTAL
Fig. 23.
Fig. 24.
Fig. 25.
Fig. 26.
MERCURE SULFURÉ
Fig. 27.
Fig. 28.
Malœuvre Sculp.

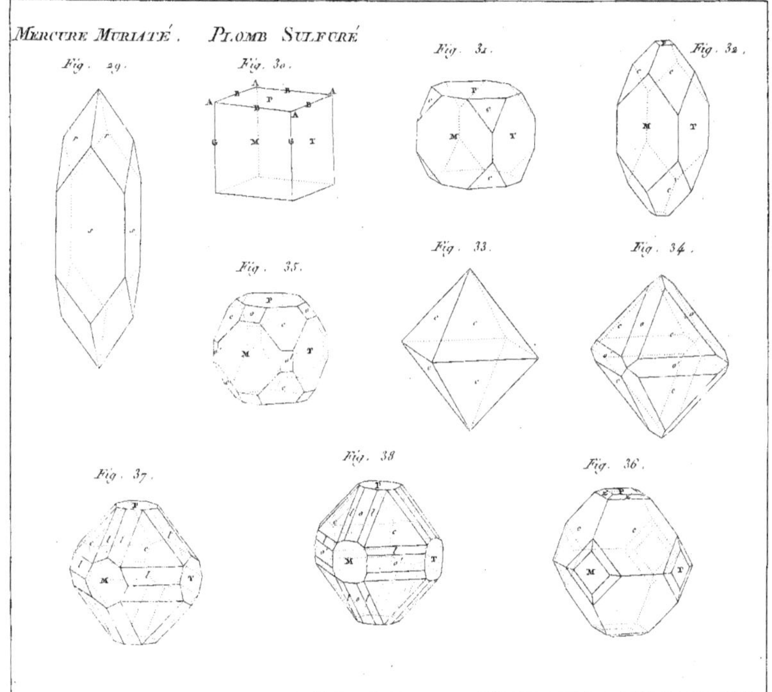

Maleuvre Sculp.

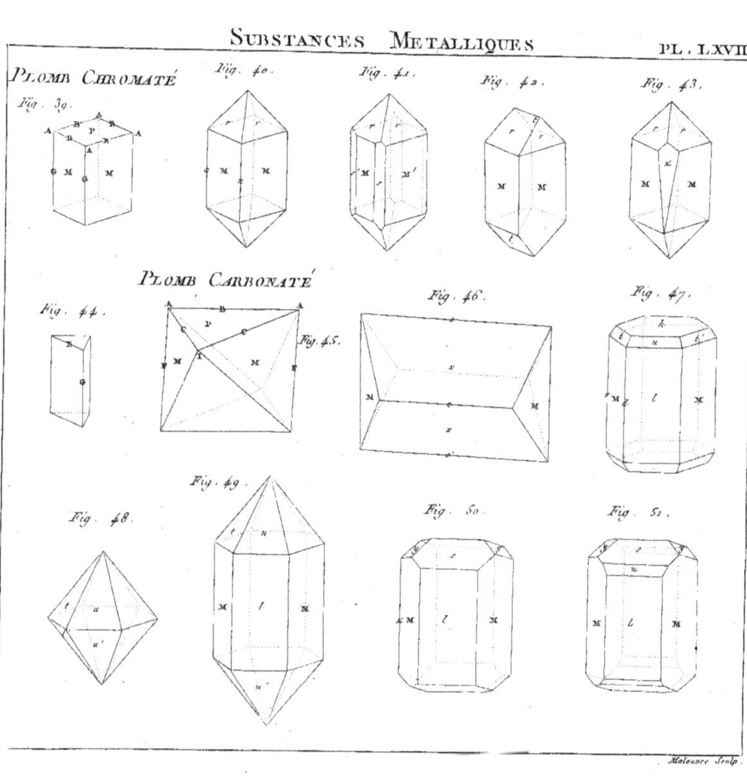

SUBSTANCES METALLIQUES
PL. LXVII.
PLOMB CHROMATÉ
Fig. 39.
Fig. 40.
Fig. 41.
Fig. 42.
Fig. 43.
PLOMB CARBONATÉ
Fig. 44.
Fig. 45.
Fig. 46.
Fig. 47.
Fig. 48.
Fig. 49.
Fig. 50.
Fig. 51.
Malœuvre Sculp.

Suite du PLOMB CARBONATÉ

Fig. 52. Fig. 53 Fig. 54 Fig. 55.

PLOMB PHOSPHATÉ

Fig. 56. Fig. 57. Fig. 58. Fig. 59.

Fig. 60. Fig. 61. Fig. 62. Fig. 63.

Maleuvre Sculp.

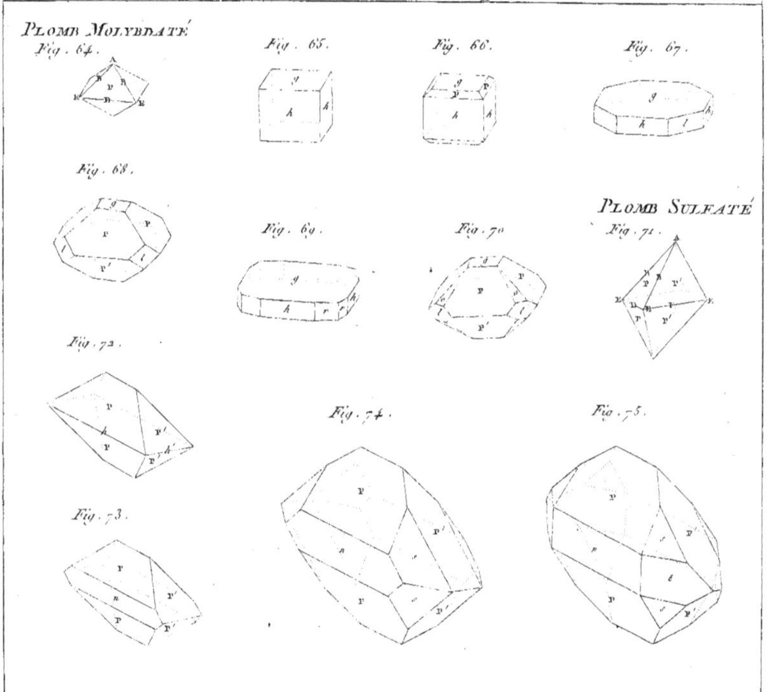

Malœuvre Sculp.

Suite du PLOMB SULFATÉ

CUIVRE GRIS ET CUIVRE PYRITEUX

Fig. 76. Fig. 77. Fig. 78.

Fig. 79. Fig. 80. Fig. 81. Fig. 82.

Fig. 83. Fig. 84. Fig. 85. Fig. 86.

Malœuvre Sculp.

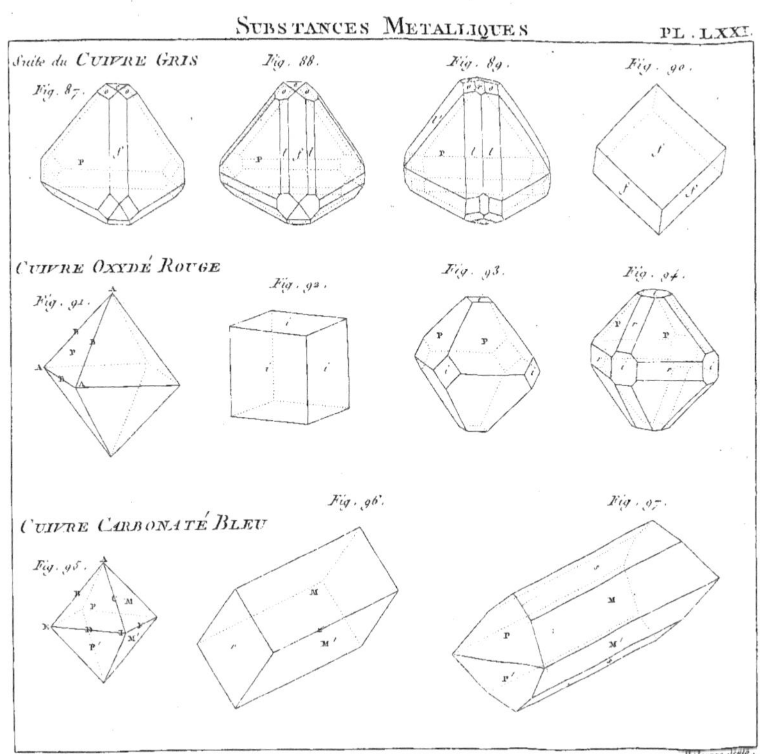

SUBSTANCES METALLIQUES
PL. LXXI.
Suite du CUIVRE GRIS
Fig. 87.
Fig. 88.
Fig. 89.
Fig. 90.
CUIVRE OXYDÉ ROUGE
Fig. 91.
Fig. 92.
Fig. 93.
Fig. 94.
CUIVRE CARBONATÉ BLEU
Fig. 95.
Fig. 96.
Fig. 97.

Suite du CUIVRE CARBONATÉ BLEU

Fig. 98. *Fig. 99.* *Fig. 100.*

Fig. 101.

CUIVRE SULFATÉ

Fig. 102. *Fig. 103.* *Fig. 104.*

Fig. 105. *Fig. 106.* *Fig. 107.*

Malœuvre Sculp.

Suite du CUIVRE SULFATÉ

Fig. 108.

Fig. 109.

Fig. 110

Fig. 111.

Fig. 112.

Fig. 113.

Fig. 114.

NICKEL

Fig. 115.

Fig. 116.

Malœuvre Sculp.

FER OXYDULÉ

Fig. 117. Fig. 118. Fig. 119.

Fig. 120.

FER OLIGISTE

Fig. 122. Fig. 121. Fig. 124.

Fig. 123.

Fig. 125. Fig. 126. Fig. 127.

Malœuvre Sculp.

Suite du FER OLIGISTE

Fig. 128.

Fig. 129.

Fig. 130.

Fig. 131.

Fig. 132.

Fig. 133.

Fig. 134.

FER ARSENICAL

Fig. 135.

Fig. 136.

Fig. 137.

Malœuvre Sculp.

FER SULFURÉ

Fig. 138.

Fig. 139.

Fig. 140.

Fig. 141.

Fig. 142.

Fig. 143.

Fig. 144.

Fig. 145.

Fig. 146.

Fig. 147.

Malœuvre Sculp.

Suite du FER SULFURÉ

Fig. 148.

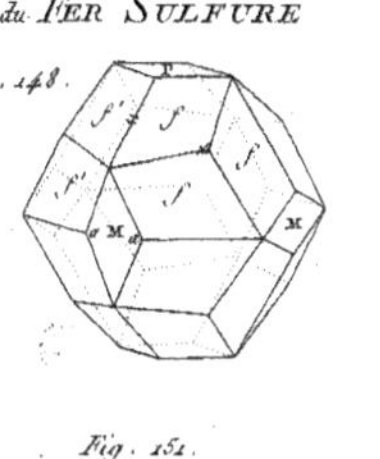

Fig. 149.

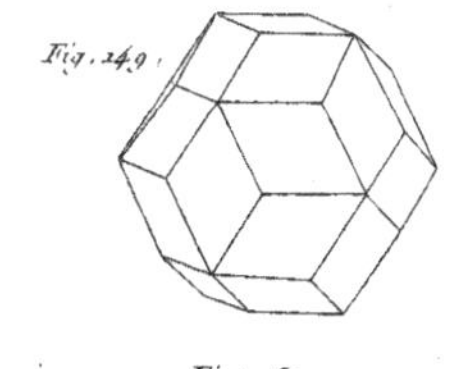

Fig. 150.

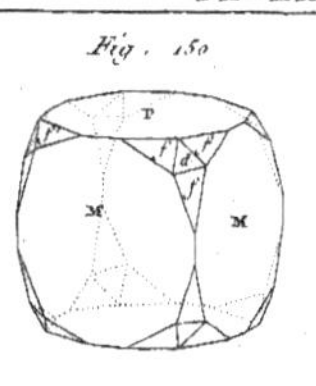

Fig. 151.

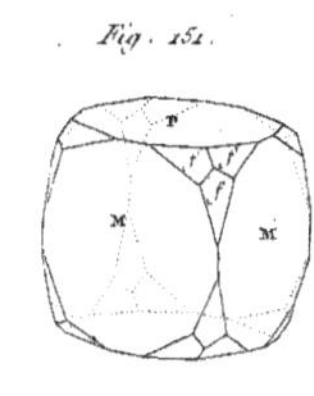

Fig. 152.

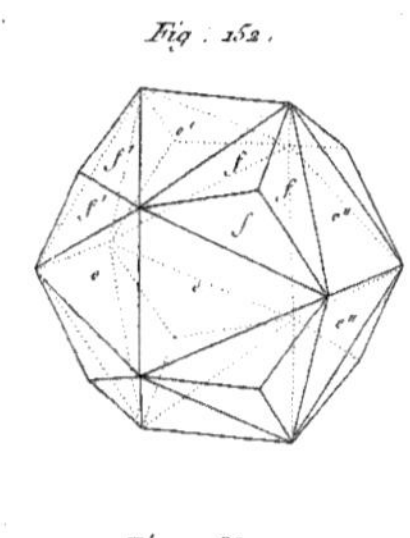

Fig. 153.

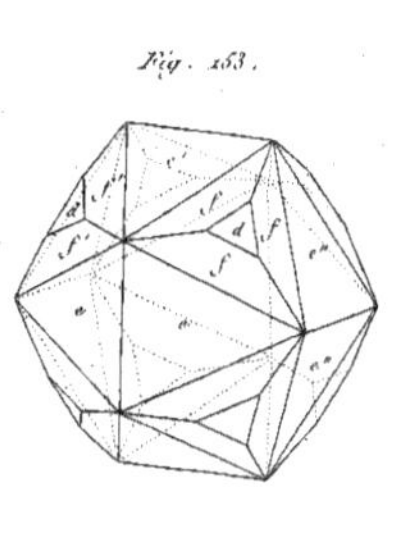

Fig. 154.

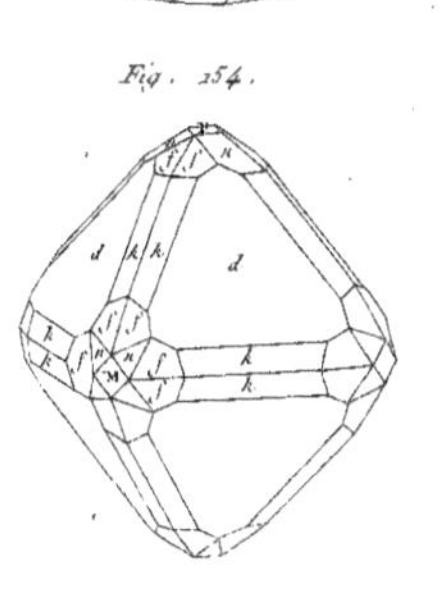

Fig. 155.

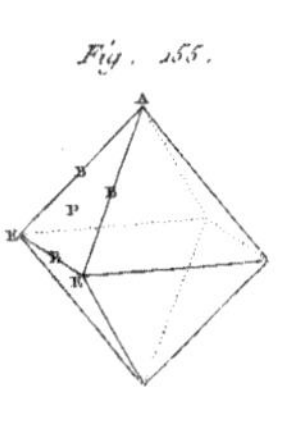

Fig. 156.

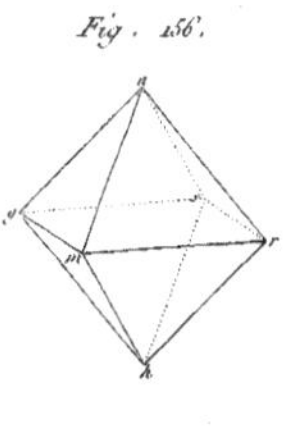

Fig. 157.

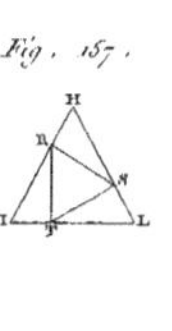

Malœuvre Sculp.

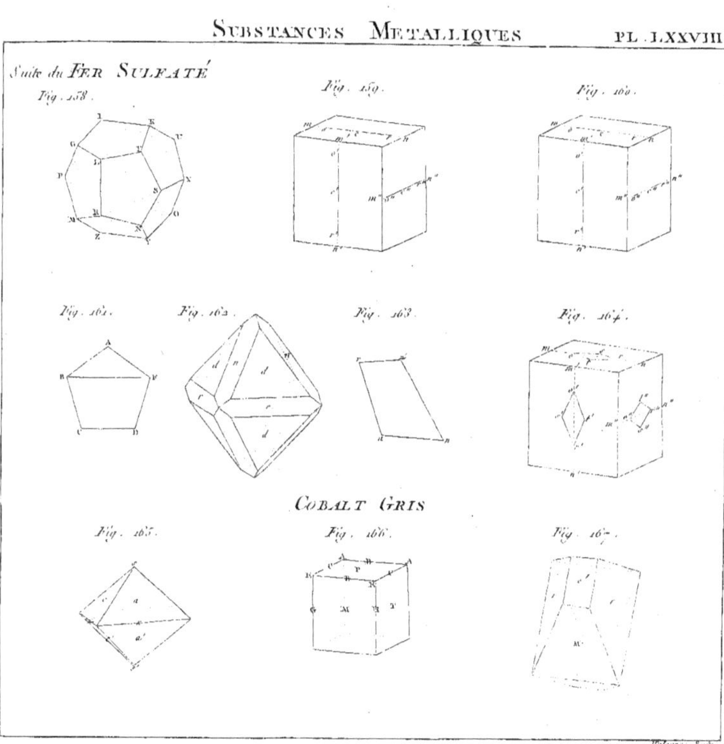
SUBSTANCES METALLIQUES
PL. LXXVIII.
Suite du FER SULFATÉ
Fig. 158.
Fig. 159.
Fig. 160.
Fig. 161.
Fig. 162.
Fig. 163.
Fig. 164.
COBALT GRIS
Fig. 165.
Fig. 166.
Fig. 167.

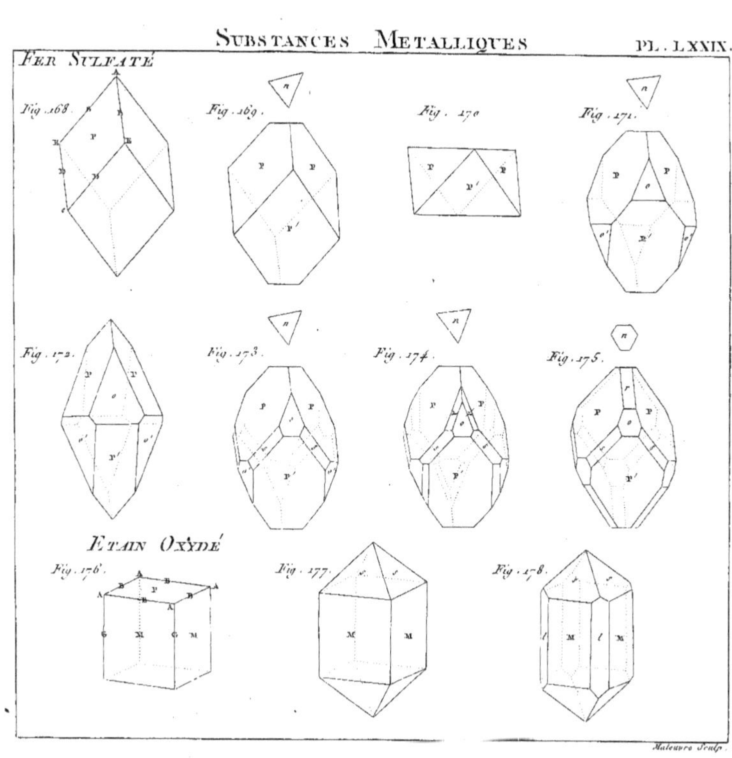

Maleuvre Sculp.

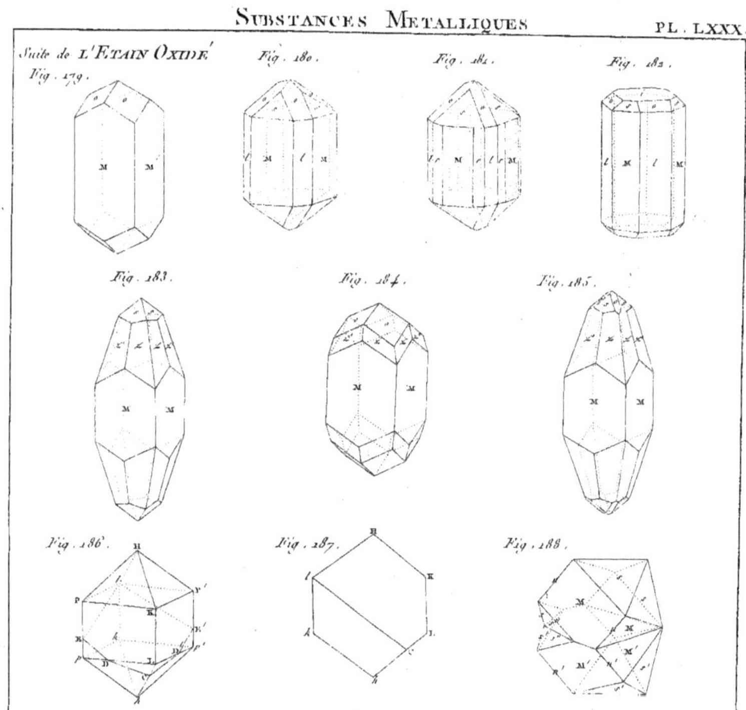
SUBSTANCES METALLIQUES
PL. LXXX.
Suite de L'ETAIN OXIDÉ
Fig. 179.
Fig. 180.
Fig. 181.
Fig. 182.
Fig. 183.
Fig. 184.
Fig. 185.
Fig. 186.
Fig. 187.
Fig. 188.
Malœuvre Sculp.

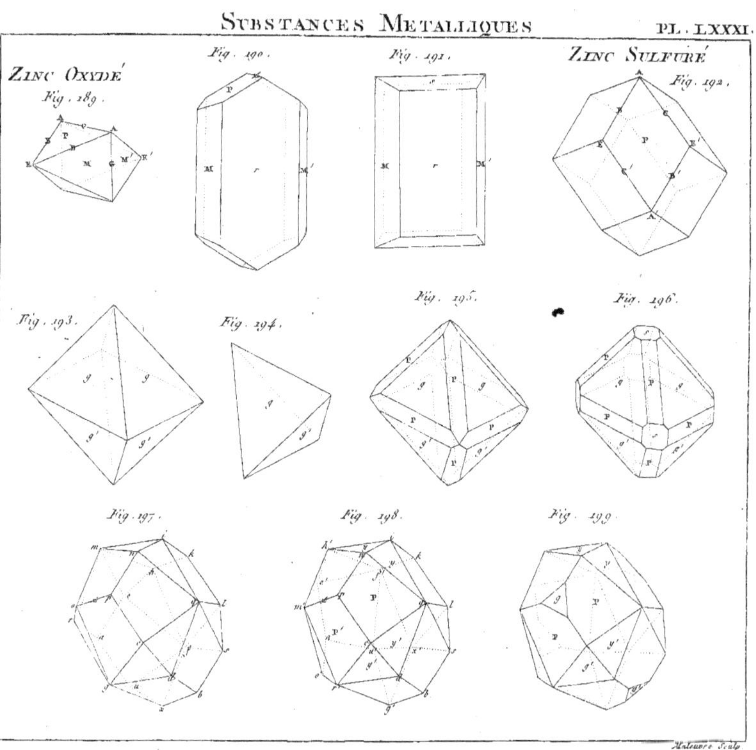

SUBSTANCES METALLIQUES
PL. LXXXI.
ZINC OXYDÉ
Fig. 189.
Fig. 190.
Fig. 191.
ZINC SULFURÉ
Fig. 192.
Fig. 193.
Fig. 194.
Fig. 195.
Fig. 196.
Fig. 197.
Fig. 198.
Fig. 199.

SUBSTANCES METALLIQUES

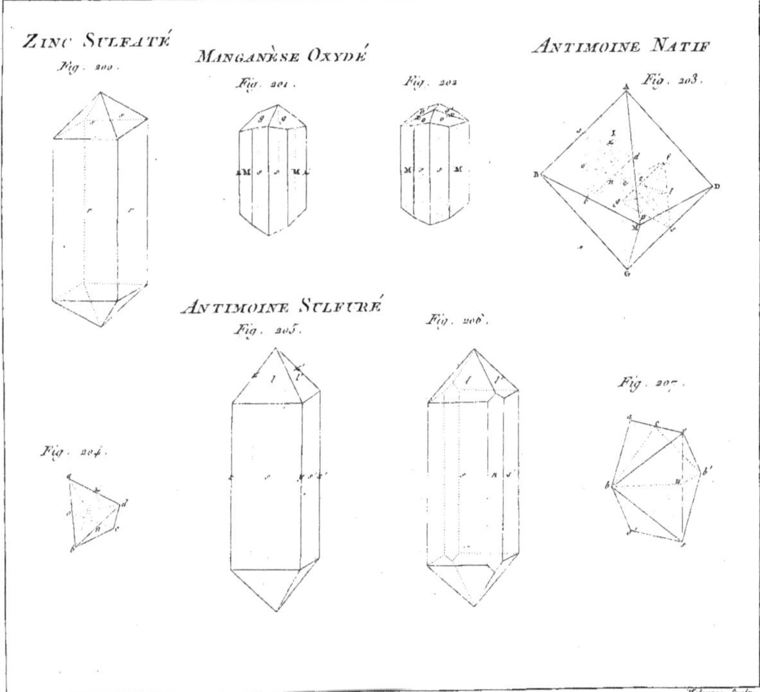
ZINC SULFATÉ
Fig. 200.
MANGANÈSE OXYDÉ
Fig. 201.
Fig. 202
ANTIMOINE NATIF
Fig. 203.
ANTIMOINE SULFURÉ
Fig. 205.
Fig. 206.
Fig. 204.
Fig. 207.
Malœuvre Sculp.

ARSENIC SULFURÉ ROUGE

Fig. 208.

Fig. 209.

Fig. 210.

Fig. 213.

Fig. 211.

Fig. 212.

Fig. 214.

MOLYBDÈNE SULFURÉ

Fig. 215.

Fig. 216.

Fig. 217.

Malœuvre Sculp.

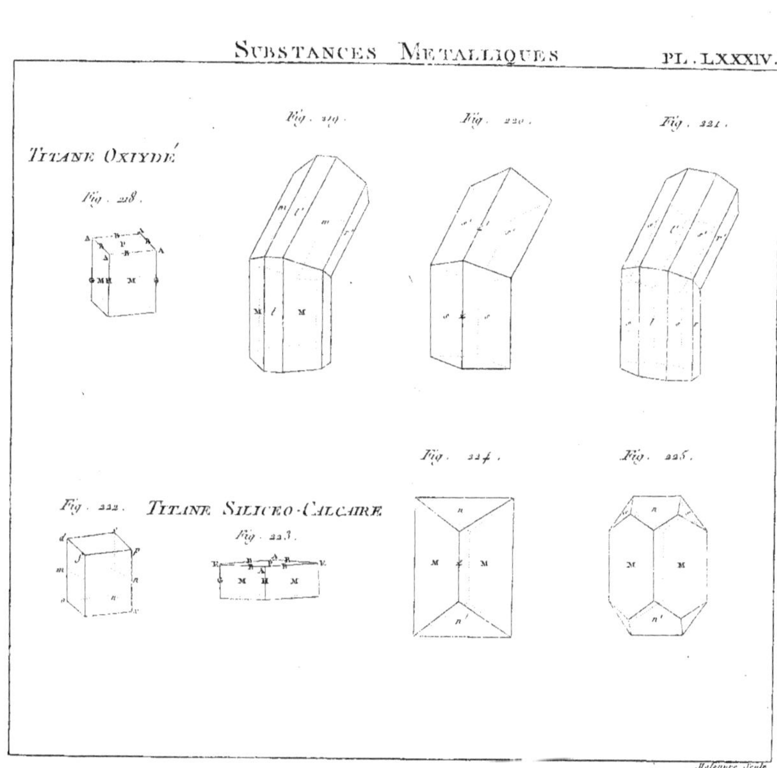
TITANE OXIYDÉ
Fig. 218.
Fig. 219.
Fig. 220.
Fig. 221.
Fig. 222.
TITANE SILICEO-CALCAIRE
Fig. 223.
Fig. 224.
Fig. 225.
Malœuvre Sculp.

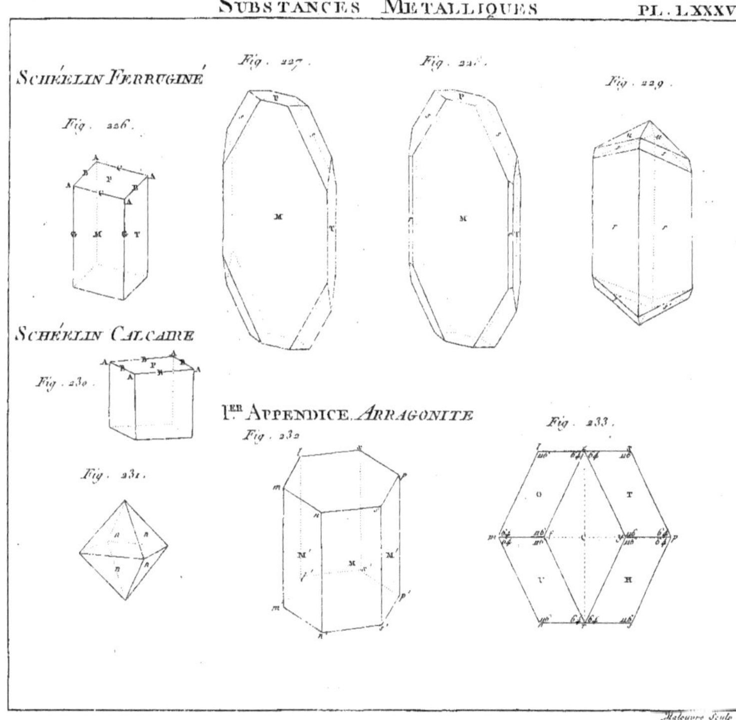

Malœuvre Sculp.

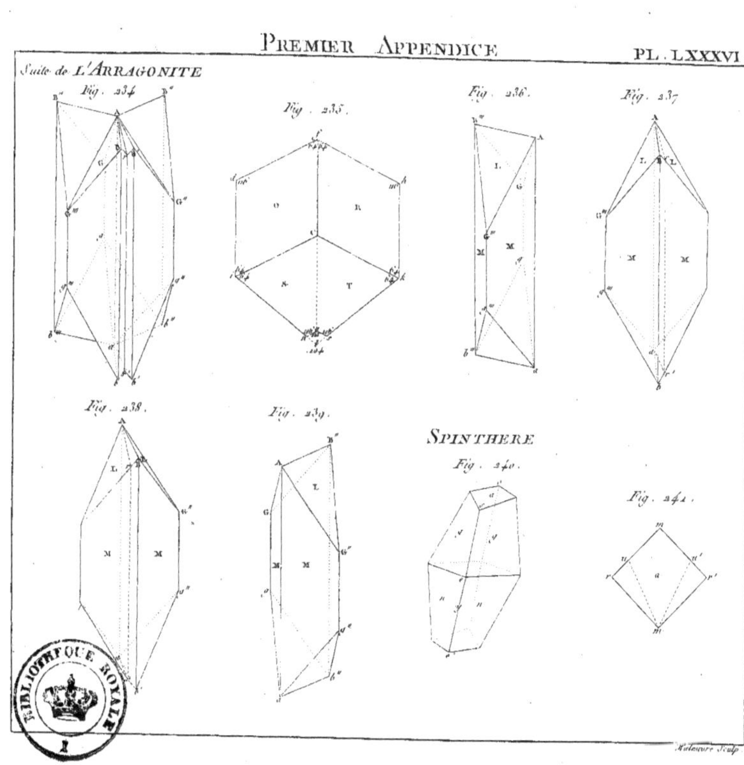
Suite de L'ARRAGONITE
Fig. 234.
Fig. 235.
Fig. 236.
Fig. 237.
Fig. 238.
Fig. 239.
SPINTHERE
Fig. 240.
Fig. 241.
Malœuvre Sculp.

www.ingramcontent.com/pod-product-compliance
Lightning Source LLC
LaVergne TN
LVHW020608230826
846091LV00002B/651

9782329383385